改变你的气质

金航羽 编著

中国纺织出版社有限公司

内容提要

随着生活环境的不断变化，女人也在不断地转换着自己的角色。不管是什么角色，女人都希望能展现出不一样的魅力。毋庸置疑，有魅力的女人永远都是一道亮丽的风景，魅力是女人讨人喜欢的资本，内外兼修的女人才会赢得幸福。

本书运用柔和的笔触、生动的表达方式，通过对女性修养、品位、气质、神态、举止等的剖析，展示女性内在的魅力；并通过对女性说话办事、性格心态等方面的阐述，分析女性的社交能力和综合素质。书中的经典案例，更能让女人由内而外地认识自己，为自己的魅力储存能量。

图书在版编目（CIP）数据

改变你的气质 / 金航羽编著. --北京：中国纺织出版社有限公司，2020.7
ISBN 978-7-5180-6022-1

Ⅰ. ①改… Ⅱ. ①金… Ⅲ. ①气质—通俗读物 Ⅳ. ①B848.1-49

中国版本图书馆CIP数据核字（2020）第042710号

责任编辑：赵晓红　　责任印制：储志伟

中国纺织出版社有限公司出版发行
地址：北京市朝阳区百子湾东里A407号楼　邮政编码：100124
销售电话：010-67004422　传真：010-87155801
http：//www.c-textilep.com
中国纺织出版社天猫旗舰店
官方微博http：//weibo.com/2119887771
三河市延风印装有限公司印刷　　各地新华书店经销
2020年7月第1版第1次印刷
开本：880×1230　1/32　印张：7
字数：168千字　定价：39.80元

前言

美丽的女人是上帝的宠儿，无论走到哪里都会受人欢迎，她们的人生和事业，通常会比一般人顺利得多。但天生丽质、清水出芙蓉的美女毕竟是少数，许多女性只是长相平平，于是她们因为自己的长相而烦恼。实际上，女人大可不必为此烦恼，因为美丽的容貌是天生的，但女人的魅力是可以修炼的。虽然我们不能改变父母给予的容貌，但我们可以通过后天的塑造，让自己变得魅力十足。女人应该记住，美丽和魅力之间并不能划等号，而魅力，则是比美貌更动人的风景。

女人的魅力来自于外在形象，女人需要给自己的形象明确定位。不管是容貌、形体，还是气质，每个女人都有自己的优势和不足，而定位也就是让自己的优势充分发挥出来、凸显出来，或端庄典雅，或时尚前卫，或浪漫性感。对自己的形象有了明确的定位，就可以通过对服饰的色彩和风格，头发的造型和颜色以及妆容、饰品，乃至相应的眼神、动作等多方面的因素的综合把握，将自己鲜明的个性展露无遗。形象还包括掌握必要的社交礼仪，所谓“礼多人不怪”，一个魅力十足的女人，一定是一个有礼貌的女人，不仅需要将“请”“谢谢”“对不起”挂在嘴边，还需要注意一举一动的礼仪。

女人的魅力还在于内在素质，作为女人，我们首先应该保

持永远年轻的心。虽然，我们无法阻挡光阴的脚步，也无法阻挡皱纹爬上我们的额头，但只要拥有一颗年轻的心，就可以美丽一辈子。因为，有魅力的女人永远不会老，老去的不过是容颜。不仅如此，女人还需要提升内在的修养，读书、听音乐、弹钢琴、绘画，以此陶冶自己的情操，令举手投足尽显高雅。

美国女诗人杜拉斯曾说："魅力是一种能使人开颜、消怒，并且悦人和迷人的神秘品质，它不像水龙头那样随开随关、突然迸发，但它像根银丝巧妙地编织在性格里，闪闪发光、经久不灭。"这段话让人们开始理解，为什么那些充满魅力的女人总是时时处处都有一种让人无法抗拒的吸引力。

本书可谓是女人修炼魅力的宝典，共分为气质、品位、谈吐、心态四部分，分别系统地阐释了女人如何做到让外表的美丽、内在的修养、脱俗的品味、细节的精致、睿智的处事、聪明的理财达到一种平衡，更教会女人如何做一个有风情的妻子，如何为自己解压、让心灵快乐。简而言之，本书将手把手教你如何做魅力女人。

本书用温柔的笔触，生动的表达方式，通过对女性内在修养的剖析，展示女性的内在魅力；通过对女性外在状态的阐述，分析女性的综合能力。通过经典的案例，教会女人由内而外地认识自己、装扮自己，为自己的魅力储存能量。

编著者

2020年2月

目录

第一部分　做秀外慧中的气质美女

第三部分　做会说话会办事的睿智女人

第一部分

做秀外慧中的气质美女

如果说女人如花，那么气质美女就是花中的极品。她们出众的仪表和优雅的谈吐，常常叫人过目不忘、印象深刻，使人不由自主地想要走近她们、了解她们，和她们亲近。这就是气质美女的魅力。她们既懂得恰如其分地穿衣化妆保养皮肤，装扮自己，让自己的外表看上去更加美丽、更加光彩照人，也懂得不断地学习充电，提高自己的内在素质，提升自己的气质和涵养。因为她们明白，在无情的时间面前，再美的容颜也会有韶华不再、白发苍苍、满脸皱纹的一天，而迷人的气质却可以随着时光的沉淀，如陈年美酒一般，历时愈长，气味越醇厚芬芳，让她们还像年轻时那样充满无限魅力。聪明的女人从来不介意做一个“花瓶”，因为她有信心通过历练把自己打造成一件价值连城的艺术品。

第1章　外表的美丽是招牌

女人如水，了解一个女人的美丽如同细心地品茗。一个充满魅力的女人，首先要有美丽的外表和合适的妆容。对于一个女人来说，美丽的外表通常是她的招牌，或是五官精致的脸，或是白嫩的肌肤，或是长及腰部的直发，或是魔鬼般的身材，或是无可挑剔的妆容，这些都从不同方面展现了一个女人的魅力。拥有美丽的外表，是每一个女人的梦想。即使你是一个相貌平平的女人，你也可以通过自己的努力，使自己变成一个美丽的俏佳人。女人要学会美白自己的肌肤，保养自己的秀发，塑造自己完美的身材，打造自己的穿衣品位，穿出属于自己的美，美丽的女人是“妆”出来的。打造自己的美丽招牌，是你成为魅力的女人的第一步。

让秀发在肩头尽情舞动

女人的秀发就如同她的第二张脸，拥有一头飘逸美丽的秀发，不仅能让女性自身增添自信与魅力，还可以吸引众多男性的目光。所以，要做一个美丽的女人，你就应该好好地爱护自己的一头秀发。女人的头发实际上被视为女性的第二特征之一，女人的秀发所展现出来的温柔、妩媚的女性美，是其他内

在与外在特征都无法超越的。男人在感觉女人的吸引力时，往往会从她的头发开始。如果你从背后看女人，你会发现她的头发几乎占了她整体形象的一半。就是从正面看女人，她的头发也堪称“第二主角”。色泽、香味和动感的完美统一，会成为男人无法抵御的诱惑。

很多女性对于自己的发型十分看重，大多数女人几乎每周都要去美发厅做头发。当小学老师的文女士就是这一潮流的追随者，她还拥有自己指定的发型师。已经45岁的文女士认为“女人可以没有华服，但是绝对不能没有秀发，否则，即使长得再出色，美丽和光彩也会大打折扣”。

若女人希望自己的秀发能够拥有万千魅力，为自己的整体形象加分，重要的就是你要有一头发质还不错的头发。不少女人对自己的头发不满意，或是天生就头发稀少，或是暗淡枯黄无光泽，这些都会使女人的魅力大打折扣。中医认为，肾藏精，其华在发。血只是毛发营养的来源，肾才是毛发健康的根基。所以，要想让自己的秀发光泽黑亮，像瀑布般一泻而下美丽动人，就要先把自己的身体调养好，多吃新鲜的水果蔬菜，多吃一些补肾的食物，日常饮食尽可能地做到营养全面。只有这样，我们的气血才会充足，肾气也才会充盈，秀发自然而然就会浓密、柔润、光亮，像丝绸一般顺滑。

1. 蛋白质含量丰富的食物

头发本身就是一种角化的蛋白质。为了让秀发健康地生

长，应每天摄取一定量的蛋白质，这对我们的秀发非常有好处。平时可以多吃一些含有蛋白质的食物，如鱼类、蛋类、肉类、豆制品、奶制品，这些食物里面都含有大量的蛋白质，可以给我们的秀发提供充足的营养来源，还可以使我们的秀发远离变黄、开叉等烦恼。

2. 绿色蔬菜

菠菜、韭菜、圆辣椒、芹菜、绿芦笋等绿色蔬菜，能有效地帮助黑色素运动，加快体内细胞的新陈代谢，使我们的秀发乌黑亮泽，而且，这些绿色蔬菜中含有丰富的纤维质，能不断地增加我们秀发的数量，使我们的秀发更加充盈动人。

3. 黑色食物

像黑米、黑豆、黑芝麻、黑木耳、香菇、乌鸡等都属于黑色食物。日常生活中，多吃一些黑色食物，不仅能使我们的体质得到很大的改善，还能有助我们预防疾病，使我们看起来更年轻，更重要的是能让我们的秀发呈现出健康自然的状态，即使在不用任何护发产品的情况下，也一样可以乌黑亮丽、弹性十足。

4. 富含胶质的食物

牛蹄筋、鸡翅、鸡皮、猪蹄、鱼皮及软骨等食物，均含有大量胶原蛋白，因此被人们形象地称为胶质食物。常吃胶质食物不但可以让我们的皮肤看上去丰润饱满，有光泽，还能让我们的秀发变得更加强韧。

总之，想要使秀发美丽动人，除了拒绝使用劣质的护发产品、适当地减少美发次数，我们还必须注意自己的日常饮食，在吃好的基础上，还要吃得健康。多吃天然材质的食物，多喝水，少吃油炸类、烧烤类食品和颜色鲜艳的熟食，尽量让血液保持干净。这样，我们的身体才会更健康，而只有身体健康、气血充足，才会有足够的营养输送给秀发，我们的秀发才会保持长久的滋润亮泽。

拥有了一头健康的秀发后，怎么让你秀发变得更漂亮呢？首先就是根据自己的脸型、肤色、身高、体形、气质选择合适的发型，这就需要你与自己的发型师好好地沟通。你的发型只有与你相配，才能使你的整体魅力展现出来。所以，选择适合自己的发型，对于一个女人来说，是相当重要的。

1. 用你的气质打动发型师

女人在去美发厅之前，要恰当地让自己的服饰和妆容体现出自己的个性气质。一般来说，发型师看见的只是一个静态的你，一些好的发型师可能还会跟你聊聊你的职业和兴趣，但最直观的仍旧是你的外在形象。所以，你的打扮要能展现出你内在的气质，这也许能在一瞬间唤起发型师的创作灵感。发型师会根据你的整体气质，在一些细节方面给你作适当变化，这样就会让你的形象焕然一新。

2. 通过脸型来调整你的发型

脸型与发型的黄金搭配法则就是互相弥补。如果你是瘦长的脸型，就应该让发型向两边加宽；如果你是上尖下宽的三角脸型，就要让发型上重下轻。

而你是否需要烫发也一定要根据自己的脸部特征来决定。如果你是直线型脸，那么就可能不适合过于卷曲的浪漫式烫发；如果你的脸部线条柔和，那“清汤挂面”的直发可能就不适合你的女性特质；如果你介于中间，那么恭喜你，直发或烫发对于你来说，都是非常适合的。

3. 让发型呼应你的身材

有的女人会选择在自己的秀发上挑染一些颜色，其实染色不仅是在头发上着色，更是凸显自己发型的魔法石。在确认了你的发型和色彩的风格后，还应该考虑一下你的身材。个子高而丰满的人适合有一定量度与长度的头发，而小巧的人则可多一些层次及飘逸的感觉，只有拥有这种量身为你设计的发型，才有可能达到事半功倍的效果。

女人的好身材比脸蛋儿更重要

在电影《铁皮屋顶的猫》里，当伊丽莎白·泰勒扭动腰肢华丽转身时，镜头里的一个男人对另一个男人说：“她的身材真棒。记住，女人的身材比脸蛋更重要。”对于女人来说，拥有傲人的身材比拥有漂亮的脸蛋更有魅力。脸蛋始终是父母给

的，就算是不漂亮，也只有认了，虽然现在整形医学越来越流行，但是整形失败的案例也比比皆是。所以，对于大多数女人来说，为了美丽去挨刀子，况且是在没有任何保障的情况下，她们是不会去尝试的。但是身材就不一样了，虽然你不能决定你的身高，但是依然可以练就姣好性感的身材。女人的身材是可以通过自己的锻炼来塑造的——减去多余的赘肉，让自己变得更加骨感；为自己瘦弱的身体增点肉感，让自己变得丰满、性感。如今，越来越多的女人明白拥有好身材比漂亮的脸蛋儿更重要。

拥有魔鬼般的身材，是每一个女人的梦想，也是她们变得更美丽的途径。一个身材好的女人，如果走在大街上，绝对会有百分之九十九的回头率。那修长的美腿，性感的身材，该瘦的地方绝对不会胖，该胖的地方绝对不会瘦，这样匀称美丽的身材通常是男人们喜爱，女人们羡慕、嫉妒的对象。当你看见那些活跃在时尚前沿的T台模特，你就会发现女人的好身材比脸蛋更重要了。很多女性模特的制胜点就在于拥有高挑、性感的身材。通常，女人只要有一张并不太讨人厌的脸，再搭配姣好的身材，那么整体看起来就会魅力大增。好的身材通常是女人整体气质的重要组成部分。另外，一个女人如果拥有好身材，那么她就是天生的衣架子。只要是合适的衣服，穿在身上都会很显得更加漂亮，那并不是衣服的魅力，而是她自己身材的魅力。拥有好的身材，无论穿什么衣服都会很合身，不用担

心买不到衣服。而且，当新的一季服装出来的时候，她们往往可以凭着自己的好身材一穿为快。

可是有不少女人总是对自己的身材不满意，或是太瘦了，或是太胖了，或是比例不协调，因此显得很自卑。她们不敢和好朋友一起出去逛街，因为朋友的好身材让她们自惭形秽；也不愿意尝试一些性感的裙子，一年四季总是穿着比自己大一号的衣服；因为对自己不够自信，所以与自己喜欢的人擦肩而过。拥有完美的身材是每个女人的梦想，但怎么样才能让我们身体的曲线更加优美呢？下面就让我们一起来了解下塑造完美身材需要注意哪几个方面：

1. 早餐要吃好

很多时候，由于怕早上迟到，很多人不吃早餐就上班去了，殊不知不吃早餐对我们的身体健康危害极大。早上不吃，中午饿过头了再吃午饭，胃部会更难受，长此以往，这将会对我们的消化系统造成很大的伤害，也不利于我们塑造完美的身材。所以，很多健康专家纷纷建议人们，不但要吃早餐，而且要吃得像皇帝一样。因为营养丰富的早餐除了是我们一天精神振奋的能量来源，按时按量进餐还有利于我们的形体美。

2. 不经常穿高跟鞋

高跟鞋自诞生的那一天起，便注定让女人对它又爱又恨。穿上它，女人可以瞬间变得女人味十足，吸引旁人的目光；可穿久了，脚又会受不了，腿也会又酸又痛。长期穿高跟鞋会造

成我们的重心向前，脚也会慢慢地变形，不但影响我们的身体健康，还会影响我们塑造完美的身材。所以，除了社交场合，平时还是尽量少穿高跟鞋。

3. 保持良好的坐姿

生活中，很多女人坐着的时候都喜欢跷腿，觉得这样坐很舒服。但是，就是这样一个看似不起眼的习惯，让很多女人的身体在不知不觉中走了形、变了样。因为，跷腿的过程中，我们的腿部肌肉会受到一定程度的挤压，以致腿部的线条变得不再那么圆润流畅，破坏我们的形体美。而保持良好的坐姿，不但会为我们的仪态加分，还不容易感到疲劳。

4. 选择适合自己的内衣

很多女人为了让自己的胸部看起来更挺、乳沟更深，选内衣的时候，一味地追求侧收效果，把胸硬往一块挤，却不知道这样的内衣往往会在我们的背后勒出难看的余肉。同样，选内裤的时候，如果不注意尺寸，也会将我们的缺点完全暴露出来。所以，选择适合自己的内衣非常重要，好的内衣不但会帮我们塑造出完美的身材，对我们的身体健康也大有好处。

5. 选择正确的睡姿

正确的睡姿对我们的睡眠非常重要，对女人来说，恰当的睡姿同样有助于塑造完美的体形。千万不要像婴儿一样趴着睡，这样不但会压迫心脏，还会使胸部变形，有损我们的形体美。正确的睡姿应该是仰躺，让身心同时得到放松而自然入睡。

女人要保持好的身材，除了注意以上五个方面以外，还要适当注意自己的饮食。有的女人为了减肥，保持好的身材，通过节食来达到目的。这是非常不可取的方法。如果你想拥有凹凸有致的身材，就要保证充足的营养，更不能盲目地节食减肥。丰满的胸部是女人自身性感的标志，而乳房除了腺体之外，还有脂肪组织，而脂肪组织的多少是决定乳房大小的重要因素之一。如果你连基本的营养都无法保证，你的身材就无美丽可言了。

“穿”出属于你的美

一个美丽的女人，往往也是一个懂得穿衣服的女人。女人懂得穿衣打扮，其实是为了自己更美丽。懂得穿衣学问的女人，一年四季都会看起来美丽动人。女人的魅力是靠自己创造的，你的长相是父母给的，你不能因为自己容颜不够漂亮就内心自卑，你可以通过合适的打扮使平庸的自己变得有魅力。其中穿衣就是很重要的一方面，穿出属于自己的美，不仅可以增添你的自信，也会使你的气质变得高雅起来。如果一个漂亮的女人不打扮、不修边幅、十分邋遢，那么她会比那些相貌不漂亮的人还要显得丑陋。女人要学会选择适合自己的衣服，穿出

属于自己的美。俗话说“人靠衣装，佛靠金装”，说的就是这个道理，你的美丽是靠衣装来显现的，所以，要做一个美丽的女人，首先要学会怎么穿衣。

女人在衣着上首先要选择适合自己的，要凸显你个人的气质、风格，又要表现出你特有的女人味。女人要根据自己的职业、环境、年龄、肤色等来搭配穿着。要穿出自己的风格，穿出属于自己的美，就要客观对待流行，不能盲目地追逐潮流。一个有魅力的女人一定要有自己的穿衣风格，在保持自己所欣赏的审美观的基础上，适当地加上些时尚元素也是未尝不可的。“女为悦己者容”，女人的穿衣打扮不光是为自己，更是希望能在自己心仪的男士面前有所表现。女人的穿衣打扮已经成为她们生活中不可缺少的一部分，为了让自己活得幸福点、精彩点，女人乐意为愉悦自己而装扮自己。

女人在选择衣服的时候，除了要考虑年龄、职业、环境、肤色等因素的影响，还要根据自己的体型来搭配衣服，选择那些能掩饰自己身体缺陷的衣服来突出自己的风格。一般来说，女人的体型可以分为以下几种：标准型、苗条型、葫芦型、娇小型、梨子型、腿袋型。不同的体型，有着不同的穿衣搭配技巧。女人只有根据自己的体型特点穿适合自己的衣服，才能穿出美感、穿出气质。

1. 标准型

也就是通常所说的“S”型身材，这种身材的女人，身体各个部位的比例相当匀称，杨柳细腰，修长的小腿，坚挺的胸部，浑圆的臀部，曲线非常柔美，可以说是天生的衣服架子。她们不管穿什么衣服都会很好看，只需要考虑色彩的搭配就可以了，任何流行的时装都可以毫不犹豫地穿在身上。

2. 苗条型

也就是常言的“1”字型身材，这种体型的人通常比较瘦弱，所以曲线不是很分明。但相对而言还是比较好穿衣服的，只是注意别穿太紧、太窄的衣服，免得让自己看上去弱不禁风。胸前有装饰或者有褶皱的衣服，百褶裙、宽松的麻质长裤、直筒或者微喇的牛仔裤都是很不错的选择。

3. 娇小型

娇小型的女人往往给人一种小鸟依人、不堪重负的感觉。所以穿衣服的时候应尽量简单明了，穿同色或素色系的衣服，避免穿太厚，或者样式太烦琐、太花哨的衣服，太长的衣服也不宜穿，否则会让你的个子看上去更小。

4. 葫芦型

葫芦型身材的女人曲线玲珑有致，穿紧身的衣服更能凸显她们的好身材，如低领的毛衫、修身短裙或者修身的套裙，都是很不错的选择。切忌穿宽松的衣服，这样会埋没了你的好身材。

5. 梨子型

梨子型身材的女人臀围比较大，而胸部相对比较小，体型

看上去很像一只梨子。这种体型的女人一定要避免穿紧身的衣服，以免将你的缺点暴露无遗。宽松的上衣和长裤能美化你的体型。

女人在按照自己的体型选择了合适的穿着之后，还要在颜色上进行搭配。根据自己的肤色、天气、季节来搭配自己服装的颜色，远远地就能够给人眼前一亮的感觉。穿着自己“皮肤色彩属性”的颜色，将会产生奇迹般的功效，它会使你气色润泽年轻，脸上的皱纹、黑眼眶、斑点，这些岁月留下的痕迹也都会隐没在焕发的光彩里，令人几乎感觉不到它们的存在。如果你实在是对颜色的搭配不那么在行，你可以选择黑白配，黑色与白色是经典搭配，任何时候都不会过时的。女人，要学会把你的美丽大胆“穿”出来。

个性女人“妆”出来

女人的美丽是“妆”出来的，并不是每一个女人都是天生丽质、不需要打扮就能吸引众人的眼球，绝大多数的女人是通过自己的创造才焕发出自己的美丽。成为一个美丽、个性的女人是每一个女人心中的梦想，也许父母没有给你一张天使一样的漂亮的脸蛋，但是你依然可以通过打扮使自己变得漂亮些。化妆是女人的一门必修课，因为通过化妆，你可以使自己原本不怎么漂亮的脸蛋变得漂亮起来。也许你脸部肤质粗糙，也许你眼袋有点大，也许你睫毛不够长，也许你眼睛不够大，即便你的脸部出现这样那样的问题，你也可以通过化妆来遮盖。化妆可以把你讨厌的那些瑕疵掩盖起来，让你拥有一张洁白无瑕的脸。

女人适当地化妆，不仅可以展现自己的美丽，也是对别人的一种尊重。如果你是上班族，工作越是忙乱，你的脸色可能就越差，你就越需要化妆来修饰自己，你的老板和客户可以为你的工作成果买单，却不会为你的坏脸色买单。如果最近加班没完没了，未来没有方向，再赶上失恋，心情就会变得特别糟糕——其实心情越糟越要“妆”，漂亮的妆容会让你保持心情愉悦，远离烦恼。也许你和你老公已经结婚多年，你觉得在他面前没有必要化妆了，其实不然，爱情也是有保鲜期的，一个巧手能“妆”、对美丽永远怀着一份追求的妻子更能战胜“审美疲劳”。即便你是一个充满个性的女人，你的个性也需要“妆”出来。但是化妆不是信手涂鸦，你不能想怎么化就怎么化，化妆是一门艺术。那么，如何“妆”出自己的个性，又化出天衣无缝的妆容呢？

1. 化妆重在扬长避短，锦上添花

化妆的时候，一定要根据自己的肤质和五官特点锦上添花，巧妙地掩饰自己的缺点，让自己看上去更美。如果嫌自己的眉毛太淡，就一个劲地画眉毛，把眉毛画得好像是假的一

样，就会让整张脸看上去都怪怪的，极度不协调。只有颜色搭配合适、自然干净的妆面，才会给人以美感。

2. 不要为了化妆而化妆

化妆是为了修饰、弥补我们容貌的缺陷。有些女人天生丽质，只须稍稍画龙点睛一下就可以了，千万不要浓妆艳抹，破坏了自己的天然美，这样不但不会增加我们的美感，还会画蛇添足，让别人觉得我们粗俗不堪。

3. 注意光线和妆面的关系

化妆的时候，最好在自然光下化，这样化出来的妆颜色才自然，既不会过浓也不会过淡。有时候，我们看到有些女人妆化得非常浓，可能会觉得很可笑，其实并不是这些女人不会化妆，而是她们化妆的时候没有考虑到光线对妆面的影响，所以才会不知不觉地成了别人的笑话。

4. 卸妆很重要

五花八门的化妆品虽然能使我们光彩照人，但它们对我们的皮肤伤害非常大。忙碌了一天之后，我们在身心完全放松的时候，别忘了认认真真地给自己卸个妆，洗去脸上的化妆品，然后再做个面膜，保养一下皮肤。

当然，对于每一个女人来说，最高明的化妆是生命的化妆。即便你相貌平平，看起来并不出众，你也可以通过生命的化妆让你变得有气质。虽然长相难以改变，但是举止形态和文化素养的可塑性是很大的，你可以在平时的生活中博览群书，提高自己的内在气质，以契合外表的美丽。一个美丽、举止文雅、气度不凡、充满睿智的女人，才是一位堪称绝色的美人。

第2章 内在的修养是吸引力

女人的气质和魅力不仅体现于外在的装扮，更体现于内在的修养。一个有良好修养的女人，她的魅力会长久地绽放，高雅迷人的气质会从她周身散发出来。修养是对女人内在美的练习与提升，修养对于女人来说，就是最佳的化妆品。它能让年轻的女人更具知性美，让年迈的女人更具风韵美。当你已经青春不在、容颜不再的时候，良好的修养依旧会让你散发出夺目的光彩。有修养的女人，通常会让同性更敬佩她、让男人更欣赏她、让幸运更垂青她。

最迷人的是知性美的女人

一个女人，最重要的就是要有知性美，因为这种美会让她的魅力常驻、气质长存。对一个女人来说，最可怕的不是岁月的磨灭，不是时间的流逝，而是无法使自己的魅力永远耀眼地散发，而拥有知性美的女人就能够使自己永远那么迷人。知性美是一个女人必不可少的魅力。它把那些幼稚、单纯的女人从她们所钟爱的“童话世界”“美丽崇拜”“爱情幻想”的陷阱中解救出来，并且从思想和心理两方面影响女人，帮助女人找到属于自己的优点，让她们拥有优雅、独立、睿智的魅力，可以自在、从容地面对真实的生活。但是知性美并不是一朝一夕就能形成的，它更需要女人自己博览群书，修炼自己的内在气质。

知性美中的“知”就是有知识、有涵养，做一个知性美的女人，不仅要熟知自己，还要了解他人、理解父母，并且认识这个世界，不断提升自身的价值，使自己在人生的道路上进退有度。“性”就是指女性的灵性、悟性、个性以及性感和性格。一个知性美的女人对事物的观察有自己独到的灵性和悟性，她常常能够参透人生中的种种道理，并且以自己独特的看法来引导自己的人生。她也有自己的个性，那魅力而不张扬的个性让她的知性美展现得更淋漓尽致。她的性格温雅而有力，对任何事情都有自己的涵养，并且彰显自己的气质。知性的女人懂得如何去审视时尚，在追求物质打扮的同时，她们能够用心灵荡涤那媚俗的拜金风潮。她们在人生的路途中会将那些丰富的阅历留在脑中，将岁月的痕迹遗忘在脑后。她们性感却不张狂，典雅却不孤傲，内敛却不失风趣。在她们身上，通常都会体现出自信的谈吐、大度的胸襟、睿智的头脑。知性美是女人天生就具有的潜质，女人可以没有漂亮的外表、精致的五官、窈窕的身材、殷实的家庭，却不能没有令人敬仰的知性美。女人的知性美是上天赐予她们的礼物。曾经有人说，对于一个女人来讲，最大的夸奖莫过于“知性美”。

杨澜，曾经是阳光媒体集团的创始人，从曾经的青春偶

像到如今的智慧女人，作为一个成功的蜕变者，她似乎并不满足于简单意义上的事业成功，她更追求大众认同的普通人的幸福。

杨澜解读自己：“女人具体做什么是次要的，她要能让周围的人感到一种温暖、温情和力量。”她的确做到了。她就是一个知性女人的杰出代表。

无可争议，杨澜是当今中国最出色的女性之一，她美丽、聪慧、优雅、知性。她在很年轻的时候就已经实现了许多人一生都无法实现的梦想：考上了好大学，找到了好工作，嫁给了好丈夫，生了好儿女，开创了好的事业。而且，至此，她的精彩人生只是刚刚拉开了序幕而已。

杨澜认为人生是需要自己去规划的。当年中央电视台《正大综艺》的女主持人，那个叫杨澜的小姑娘，曾经也是从千名候选人中脱颖而出的。而现在经常身着套装，带着淡定的微笑，出没于名流社会的她，已经成了中国职业女性的典范。

杨澜毕业于北京外国语学院英语系，大学毕业后就进入中央电视台主持《正大综艺》节目，后来又到美国留学，并且获得哥伦比亚大学国际传媒专业硕士学位。她回国后，加入了凤凰中文卫视做名人访谈节目——《杨澜工作室》。2000年3月，她成立了公司——阳光文化网络电视有限公司，并且出任主席。同年10月，阳光卫视入选《福布斯》全球300个最佳小型企业之一，她个人也跃居《福布斯》2001年度中国富豪榜第56位。

杨澜的成功不仅是事业上的成功，还有家庭幸福的成功，她的处世之美如兰之雅致。她总是保持真我本色，一言一行都倾洒着她的真诚之美。她认真工作且不张扬，那种对任何事情都负责的精神让她的美更加灿烂。生活、工作、家庭，每一处，她都很用心，每一处，她都尽力做好。

做一个知性的女人，是无数女人的梦想，而杨澜做到了，除了拥有博学的才智，事业的辉煌，她更有一种知性的魅力。无论是什么事情，她都能够做好，永远是不卑不亢，她的脸上永远有一份亲切的微笑。你和她说话，她不恭维不指责，不花言巧语，不咄咄逼人，只是用她的心来聆听。杨澜经常出入于名流场合，她总是懂得怎么包装自己，她的衣服不会五彩斑斓过分张扬，也不流行前卫哗众取宠，只是适合自己的特征个性。她的打扮总是给人一种不张扬、不媚俗，却修饰得十分自然得体的印象。

知性的女人是值得人们崇拜的，她们聪明能干，人情练达，超越了一般女孩的天真稚嫩，而另一方面却又迥异于女强人的咄咄逼人，她们往往会在不经意间流露出温柔和知性的魅力。做一个知性的女人，就应该既要热爱自己的工作，能在事业上独当一面，挥洒自如，又不热衷于争权夺利、邀功请赏。同时，知性女人还能照顾到家里，在生活中担任自己的角色，她不会因为家务烦琐或者关系亲近就怠慢自己的家人或朋友。

内外兼修，延长魅力时效

岁月让你的皮肤起皱，但如果失去了热忱，损伤的则是灵魂！这种说法并不是让每一个女人素面朝天，而是要女人做到内外兼修。也许时光的流逝、岁月的打磨会让我们的美丽不复存在，但是只要你拥有一颗热忱的心，随时提升自己的内在和外在的气质修养，你的魅力就不会被时间打败、不会被岁月埋没。世界上原没有永恒的魅力，但是女人可以创造出属于自己的魅力，并且不断地延长它的时效。当头发花白、牙齿脱落的时候，依然满脸笑容、姿态优雅，那就是魅力的展现。一个有魅力的女人，会时刻注重自己的内在和外在。如果你光有鲜丽的外表，肚里却空空，那只会让你成为近乎白痴的女人；如果你有渊博的学识，却不修边幅、邋里邋遢，也会让人对你敬而远之。一个美丽的女人，她的美丽既在于外表的清丽，又在于内在的高雅气质，这样才是堪称完美的女人。这样的女人才会永远绽放耀眼的魅力，无论在任何时候，都是人们关注的焦点。

爱美之心人皆有之，不论是“窈窕淑女君子好逑”，还是“沉鱼落雁”，都能说明了人们对于美女有种与生俱来的钟爱之情。但是究竟什么是美呢？你的美又能维持多久呢？一个有魅力的女人仅仅是仰仗着秀美艳丽的皮囊或者是一副婀娜轻盈的身骨吗？女人的美丽不仅在于容貌，更重要的在于举止、姿态及风度。一个美貌绝伦、身材曼妙的女人，倘若萎靡不振或者举止粗鲁无礼，那么她的魅力根本无从谈起。女人既要注重自己的外表的美丽，更要注重自己内在的修养，因为你的内在气质会通过你的外在表现出来，内外兼修才会使你的魅力长久。要做一个内外兼修的女人，就要时刻注重自己的言谈举止，有时候，一个细微的动作，就可以体现出你的修养。千万不要因为你一个小小的举动让你的魅力大打折扣。

有一个医疗器械厂与美国客商达成了引进“大输液管”生产线的协议。于是，为了了解这个医疗器械厂的情况，外商请求参观一下厂里的生产情况。在签协议的前一天，该厂厂长陪同外商参观车间。正在他们对车间工人赞赏有加的时候，厂长突然感觉自己嗓子发痒，于是顺便朝墙角吐了一口痰，随后走上前去，用自己的鞋底擦了擦。这个小小的举动，让那位外商彻夜难眠。第二天，外商就让翻译给那位厂长送去一封信：“请恕我直言，一个厂长的卫生习惯可以反映一个工厂的管理素质。况且我们今后要生产的是用来治病的输液皮管。贵国有句谚语：人命关天！请原谅我的不辞而别……”

一项本来已经基本谈成的项目就这样“吹”了，一口痰轻易地“吐掉”了一项合作。

这位厂长的吐痰行为正是他内在素质的一种体现，因为自身的修养不过关，所以，他在言谈举止上一不小心就出了纰漏，使本来谈成的一个项目就这样溜掉了。很多人在与你交往

的时候，并不会过多地去关注你有多成功、有多厉害。聪明的人通过你的言谈举止，就可以判断你这个人值不值得交往下去。你不能小看你的一个小动作，很多时候，它就是展现你内在修养的一个途径。所以，有良好的行为举止是内外兼修的显现。

女人要让自己保持永久的魅力，就要做一个内外兼修的女人。“内”就是内在的修养与气质，而“外”自然就是指外表和表现了。任何一个女人都希望自己有漂亮的外表，那对于别人是巨大的吸引力。所以，女人的外在美是很重要的，这就需要在穿衣打扮上多加注意，也就是人们常说的形象美。女人无论在任何时候都要把自己收拾得整整齐齐、干干净净、漂漂亮亮。一个有魅力的女人，无论上班与否都应该化淡妆，但切忌浓妆艳抹，否则会给人一种妖艳轻浮的感觉。“轻扫娥眉淡脂粉”才能充分展现你的天生丽质。每天早上早起半个小时为自己化妆，让路人和同事看到一个漂亮的你，而不是一个蓬头垢面的女人。女人外在的美，除了化妆就是服饰的搭配。你在穿衣的时候，要注意衣服鞋帽不能随便搭配，搭配的时候要注意颜色的基调保持和谐，不能反差太大，否则就会起到反作用。穿衣打扮要大方得体，不能太随便，把自己收拾得干干净净、漂漂亮亮，这是作为女人最基本的修养。

而真正让一个女人散发出美丽的，是她的内在气质，女人的气质不仅表现在外表，还表现在由内而外自然散发的一种摄人心魂的气质。读书是提高自身修养的最好的方法，女人应该

多读一些自己喜欢而且品味较高的书籍。读书能够启发一个人的灵魂，激发女人的美好志向，爱读书能够增长才智和陶冶心灵，爱读书的女人是美丽的。这种美不是矫揉造作的美，而是她举手投足间散发出的一种自然而优雅的美。“腹有诗书气自华”，女人要多阅读一些高雅书籍来提高自身的修养和气质。女人就应该内外兼修，不仅注重外在的美，还要注重内在的修养，做一个真正有持久魅力、有气质，而又漂亮的女人。

至真至诚，施展女人魔力的法术

如果你是一个至真至诚的性情女子，那么你的魅力对于任何人来说都是不可阻挡的。至真至诚的女人总是在面对每一个人的每一刻都展现自己最为真诚的一面，她们真实地展现自己的魅力，而不会虚伪地做人。如果她们想做什么事情，她们总是能够以诚为基础，勇敢地去追求自己的目标，所以最后她们能够采摘到成功的果实。有时候，有的女人会因为心生嫉妒，说“她只是运气好而已”，其实，虽然成功与运气能沾上边，但运气并不是决定因素。至真至诚的女人之所以能够取得成功，秘诀就在于“真”“诚”。女人的魅力不仅在于美、在于气质，更多的时候，在于她足够真诚。如果你能够在生活和工作中真诚地对待每一个人，那么，你的魅力就无时无刻

不在。

一个有魅力的女人，并不是冷冰冰的，也不是高高在上、无人可及的，她的魅力展现在实实在在的生活中。有魅力的女人，通常会把她的魅力散发到每一个地方，每一个角落。女人的魅力并不是自己封的，而是别人对她的一种评价。至真至诚的女人会让每一个人都会感受到她独特的魅力。或许，她只是个很平凡的女人，她相貌平平，甚至在人群中毫不起眼。但是她的至真至诚就是一种超越美丽的魅力，更是一种具有魔法的魅力。

王丽是北京人，之前一直从事着会计工作，生活平静而富足。当时她认识的一个朋友是做纸张生意的，在朋友的介绍下，她也抱着试试看的态度加入了纸张销售的行列，从此开始了自己的创业生涯。如今，她自己的公司已经步入正轨，回想起当初自己创业的艰难，她坦然说："除了自己的辛勤和汗水，还有就是任何时候都要至真至诚。"她的企业从业内的默默无闻到今天的有口皆碑，王丽为自己的人生描绘了一段最美的彩虹。

她在对待公司的每一位员工时，总是信奉"至真，至诚，步步为营"的原则。她说，自己公司的每一位员工，不管是高层管理人员，还是一名普通员工，在她看来都是一个"合作"的关系。大家都是因为共同的事业走到了一起，因为合作，公司才成了一个大家庭，也因为合作，才会令彼此的命运紧紧连在了一起，不离不弃，共同迎接风风雨雨。王丽并不只是这样说，她也拿出了实际行动。她总是把员工的利益放在第一位，不仅定期改善员工的伙食，而且每个员工的宿舍都安装了空调。在她的公司里，除了特殊情况，员工没有主动跳槽的。而且，如果哪位员工犯了错，王丽就会再给他一次机会，她说她欣赏那种从哪里摔倒就从哪里爬起来的员工。

所以，在任何时候，你的“至真至诚”都是打动别人的最好的武器。世上没有轻易获得别人认可的魔法，但是“至真至诚”就是，它能够让你的魅力如同魔法一样，悄悄地打动别人的心。

做一个至真至诚的女人，不要虚伪、不要撒谎，更不要因为自己的出色而努力地伪装自己。学会放开自己的心胸、打开自己的心扉，做一个绝对真实的自我，那样，你的魅力才会更加迷人。至真至诚的女人总是真诚地与人相处，并且凡事都先为别人着想，她们不善于伪装自己。真实就是最好的一张脸，至真至诚的女人通常都能够轻易地获得成功，并且赢得好人缘。“人贵在真”，女人不要戴着一张面具生活，那样会很累，也会让别人无法认识真实的你，更无法见识你的魅力。女人要摘下自己的那张面具，做一个真诚的人，施展你的魔法魅力。

大凡那些人际交往中能够获得好人缘的，通常都是至真至诚的女人。她们无时无刻不让人感到她们的真实和诚意，她们

的率真常常会让你在不知不觉间就失去了防备之心，而她们的真诚会让人忍不住为之鼓掌。她们不会隐藏自己的性情，而是真实地表露出来，展现自己的率真，这会让她们成为人们的焦点，也正是这样的性情让她们的魅力尽情散发。女人，让至真至诚为你的魅力值加分，并且自由地散发它的魔力吧！

爱心，女性魅力的精华浓缩

想做有魅力的女人，就要学会做一个有爱心的女人。“魔镜魔镜告诉我，世界上最有魅力的女人长什么样？”像童话里的王后一样，做一个有魅力的女人是普天下所有女人的梦想。美丽的女人是有魅力的，如果拥有美丽的容貌，那是女人的幸运，但是上天并没有把这种幸运降临到每一个女人身上。上帝在为你关闭一扇窗的同时，也为你打开了另一扇窗户。女人的魅力不仅在于容貌，还来自真诚、来自善良、来自温柔、来自信、来自爱心。别林斯基说：“美丽，都是从灵魂深处发出的。”而爱心，往往是女人魅力的精华浓缩。

女人的内心深处隐藏着一种母性，那就是爱心。它常常是女人魅力的精华浓缩。一个有爱心的女人，通常是不会被人拒绝的，当人们看到在她们美丽的外表下还有一颗善良的心，就会对她们充满敬佩之情。有爱心的女人离幸福最近，她们永远

记得去乐善好施，而不记得索取回报。表面上看起来，这种做法很吃亏，但是实际上这正是做人的聪明之处，也是她们的魅力之处。

爱心并不是施舍，爱心也不是可怜，爱心是需要你以平等的态度付出。有爱心的女人，必然会有一颗仁慈博大的心。美国文学家切斯特·菲尔德说："用你喜欢别人对待你的方式去对待别人。"每个人都需要被理解、同情和尊敬，推己及人，女人在与他人相处的时候，就应该适时表现出自己的爱心，比如，对人对事要豁达一些，对迷途的人说一句提醒的话，对自卑的人说一句振作的话，对苦痛的人说一句安慰的话。只是一句简单的话，既不要花费什么金钱，也不需要耗费你多少精力，而这对需要你帮助的人来说，却相当于旱天的甘霖、雪中的炭火。

年仅12岁的女孩王翠因为自己家庭贫困，在学校举办的捐赠活动中得到了一件棉衣。当小王翠第一次穿上那件看起来还是九成新的棉衣时，她的心里暖暖的，她把自己的冻得冰冷的手伸进衣兜里取暖，却无意中发现一张纸条，她摸出来看，上面写着："穿上这件衣服的小朋友，如果你学习上遇到了困难，请和我联系，我可以尽力帮助你……"后面留下了捐赠人李思俭的联系地址和电话。李思俭是农业银行南京城南支行的职员。1996年秋天，在单位组织的为贫困地区捐赠冬衣的活动中，李思俭在自己捐出的一件棉衣口袋里留了一张小纸条，她

觉得这种方式更适合自己表达爱心。

在时隔9年后，当王翠因为家庭贫困徘徊在大学校门外时，她想起了那位捐赠棉衣的爱心阿姨。而当年留下小纸条的那位捐赠者李思俭信守了自己的承诺，及时向王翠伸出了自己的援助之手，并且带动了整个银行的同事去看望那个孩子，帮助王翠渡过了人生的一道难关。

小纸条被珍藏了9年之后，引出了一个传奇的爱心故事，让所有的人都为之感动。戴着眼镜的李思俭，看上去显得很柔弱，但是人们透过她外表的柔弱看到了她内在的爱心和绚丽的精神世界。

也许，李思俭在单位只是一个很平凡的银行职员，但是她做出了不平凡的事情。一个有爱心的女人，是不会被时代所忘记的。爱心是她赠予别人的礼物，而上天则会因为她的爱心回报给她更多的东西。一个有爱心的女人，不管她看起来有多普通、多平凡，都足以令人万分欣赏。女人的魅力并不是来自外表的光鲜与美丽，更多的是来自内在。李思俭用她自己的爱心故事，展现了她无与伦比的美丽。

有一个盲人，他住在一栋楼里。他有一个习惯，那就是每天晚上他都会到楼下花园去散步。奇怪的是，无论是上楼还是下楼，他虽然只能顺着墙摸索，却一定要按亮楼道里的灯。

一个邻居忍不住，好奇地问道："你的眼睛看不见，为何还要开灯呢？"

盲人回答说：“开灯能给别人上下楼带来方便，也能给我带来方便。”

邻居疑惑地问道：“开灯能给你带来什么方便呢？”

盲人答道：“开灯后，上下楼的人都能看得清楚，就不会把我撞倒了，这不就等于给我自己也带来方便了吗？”

邻居这才恍然大悟。

俗话说：“送人玫瑰，手有余香。”虽然只是一件很平凡微小的事情，哪怕如同赠人一支玫瑰般微不足道，但是它带来的温馨会在赠花人和爱花人的心底慢慢升腾、弥漫，乃至覆盖。有时候，你一个发自内心的小小的善行，就有可能铸就大爱的人生舞台。

一个再漂亮的女人，一旦被发现表里不一，也难免会使人心生厌恶之感。所以，女人拥有一颗与她外表相称的爱心是很难得的。而一个只有外在美的人，也许你只会感觉到一种视觉的享受；但是你如果和一个充满爱心的女人在一起，你就会感受到一种心灵的洗礼，她会让你感到这个世界的美好。爱心是一切爱的由头，丰盈的爱心似乎总是女人与生俱来的天分，女人要发挥自己的天分，用爱心打造一颗完美的女人心。做一个有魅力的女人，做一个精致的女人，更要做一个充满爱心的智慧女人。

幽默为魅力女人锦上添花

女人的幽默会绽放无穷的魅力，一个懂得幽默的女人会以轻松的心态面对各种人和事。女人要懂得幽默、运用幽默，这样生活中才可能有更多的欢乐。或许有的女人会说，幽默并没有多大的用处，它既不会帮助我减掉多余的赘肉让我变得美丽，也不会为我的一顿美食买单，更不会帮助我工作。但是，你的幽默可以让你感受到生活的快乐，即便是你最伤心的时候，也别忘了幽默地自嘲一下，这样，你就会发现生活并不是那么不近人情，至少你还能含着眼泪微笑。如果你懂得幽默，你就能比现在更加轻松地面对现实，坦然地接受自己的身体缺陷，比如，你矮小的身材、臃肿的腰身、平凡的五官等。在幽默的支撑下，你可以在手里只有下一顿的饭钱的时候还能安心地睡个好觉。

做一个幽默的女人，你可以赢得很多知心的朋友和珍贵的友谊。当你与人第一次见面的时候，你不可能让别人立即喜欢你；但是幽默就有这样的魔力，当众人被你逗得开心地欢笑时，你就会发现自己的魅力，从别人的欢笑中更加看清你自己，你就会对他人更加坦诚。幽默能拉近你与他人的距离，当众人发现你是一个幽默的女人，发现你是一个快乐的女人，他们就会乐于和你接近。没有人会拒绝一个传播快乐的女人，如果你外表清丽、谈吐高雅，那么幽默会为你的魅力增加不少

分数。

人们不会很喜欢一个正襟危坐的女人，也不会喜欢一个说话木讷的女人，人们更喜欢一个有幽默感的女人。幽默能够给别人带来快乐，也能够使自己的生活过得有声有色。做一个幽默的女人，学会用轻松的心情面对生活，用幽默、自嘲的方法去化解问题，才能使你心里小小的烦忧消失于无形之中，从而避免产生更大的忧虑，而你也就更能承受生活带来的压力。

小王是一位老师，平时与学生接触，难免会发生让她生气的事情，但是她往往能够以自己的幽默来化解尴尬。有一次，上课的时候，她正在课堂上讲得津津有味，突然发现有位男生在下面看小说。她轻轻地走到那位男生旁边，正要伸手取那本摊在膝盖上的书，却不料惊了那位学生。于是，男生便以闪电般的速度，迅速地将书塞进课桌，然后又用自己的双手死死地护着他的课桌。他的这个举动，不仅吓到了小王，也吓住了全班的学生。小王意识到这书肯定不是常书，如果自己硬要取得那本书，定会让那位男生颜面尽失，如果弄不好，自己也失去了教师的尊严。于是，她顿下心来，没有生气，而是笑笑："你就在那里一个人誓死捍卫着你的课桌吧。同学们，我们继续上课了。"全班的学生都笑了起来，紧张的气氛缓解了，学生们的注意力很快转移到了小王老师那里，而那位男生紧张的情绪也松懈了下来，开始认真听课。

聪明的小王老师用自己智慧的幽默，巧妙地化解了尴尬的场面，就这样，一句笑话四两拨千斤地避免了师生双方的尴尬与冲突。一个幽默的女人，她一定是一个十分智慧的女人，因为幽默并不像讲笑话那么简单，它里面包含了智慧的思考。合适的幽默既不是过分的玩笑，而又能让人感受到快乐。小王老师无疑是一位善解人意的老师，这样的老师也会博得学生的喜欢，因为她的幽默，她所散发的魅力是迷人而又美丽的。

生活中经常会发生意想不到的情况，或者让我们觉得难堪，或者使我们羞愤难当，但不管处于何种情况，我们都要冷静下来，控制自己的情绪，宽容理解别人，并用幽默感巧妙地化解不利的局面，使事情的结果对双方都有好处。千万不要因为一时冲动，为了所谓的面子和人争吵，授人以柄，给别人留下不好的印象。

戴尔·卡耐基也认为，如果你想给别人留下一个好的印象，那幽默绝对是不二的选择。我们可以充分利用幽默的力量，一个健康快乐、满脸笑容的人肯定比一个郁郁寡欢的人更受人欢迎。如同优雅的言行一样，幽默能帮助我们在社交中应付自如，并且会让你与他人的沟通更加顺畅。

对于女人来说，有些在你身上已经既定的事实是无法改变的，如你的长相、身高等。但是就算是这样，只要善于发现、培养和发扬自己的优点，让你的优点展现在大家面前，你仍然可以为自己增添不少的魅力。女人不要对自己过于苛刻，有时候，我们要让自己轻松一点，可以自我调侃一下。这样一来，我们在带给别人快乐的同时，还能够使自己保持愉悦的心情。要记住，适当的自嘲也是一种智慧的幽默。学会做一个有幽默感的女人，可以让你的魅力时刻地展现出来，让你成为交际之星、魅力之星。

第3章　气质，滋养魅力的源泉

一个有魅力的女人，通常是有自己独特气质的女人，因为气质往往是滋养魅力的源泉。就算是再漂亮的女人，如果没有气质，也会失去吸引他人的魅力。而通常良好的气质来源于女人宽广的胸怀。一个心胸开阔的女人，是不会斤斤计较的，她有大海一样的胸怀。女人要试着走出去，多看、多听、多学，这样你才会有广博的见识。有卓识远见的女人往往是气质出众、处事淡然的，她们永远守着自己那份宁静的心境，宠辱不惊、与世无争，显现出脱俗的气质。

魅力女人用气质征服人心

女人征服人心的魅力，通常在于她的气质。就算是再漂亮的女人，如果没有气质，也是近乎一朵枯萎的鲜花、一潭永远不流动的死水。相反，一些天生并不漂亮的女人，一旦拥有了气质的翅膀，便会神采飞扬、明眸顾盼，显得格外得楚楚动人。戴尔·卡耐基曾经说："女人的气质不是来自化妆品，而是来自自己身上充满活力的一种底蕴、一种对生活理解的态度和方式。真正有女性气质的前提是要有崇高的生活理想。"他还认为女人的气质体现在学识、智力、才能、品格、性情、涵

养及道德情操等多方面。当然，最重要的就是渊博的学识，它不仅影响气质的深度，更是心灵丰富的标志。

俗话说：“女人不是因为美丽而可爱，而是因为可爱才美丽。”有魅力的女人，不仅在于她光鲜亮丽的外表，更多的是由内而外散发出来的气质。女人的容貌是天生的，就算再怎么不漂亮，那也是父母给的，但是女人的气质是可以后天培养的。你可以通过阅读一些文化气息浓厚的书籍来提升自己的知识涵养；可以看一些礼仪方面的书籍，来规范自己日常生活中的行为举止；可以浏览一些文学或艺术方面的书籍，来提高自己的品位，同时可以将其培养为自己的业余爱好。那些拥有高雅迷人的气质女人，并不是天生如此，她们往往是通过自己在生活或学习中慢慢培养的，不知不觉地将其植进内心深处，然后，再通过外在表现慢慢散发出来。仅仅拥有美丽容貌的女人，她们的魅力通常会被时间打败，也会被岁月打磨掉。但是气质女人的魅力则不会消失，她的魅力会因为不断提升而越来越迷人。就算在她的生命即将结束之际，人们也会由衷地赞美她：“真是个有气质的女人呐！”

有人说张曼玉的气质是无法用语言来形容的。虽然在岁月的长河中她的美丽也在慢慢地逝去，但是她那盈盈笑意轻轻而来的风仪让人难忘。

张曼玉的魅力充满了她的全身，有人说，张曼玉全身上下都会说话。她一个轻描淡写的转身，就会透出逼人的华丽；而

她那自然清新的从容一笑，宛如凸显了山水的灵韵，不禁让人沉醉其中。不管是在她的肩头、她的步态还是她的脸上，处处流露出的优雅淡然，都让她的气质充分显现，使她的魅力尽情绽放。

张曼玉的气质无疑是演艺圈里的一个神话。她不需要刻意地装扮自己，却能让人在拥挤的人群一眼就望见她，这都是因为她高雅的气质，因为她独特的魅力。女人是需要不断地提升自己的内在气质的。想当年，张曼玉也曾经被人称为“花瓶”，那段时间她自己也很痛苦。为了摆脱“花瓶”的形象，她不断磨炼自己的演技，到最后，她俨然成了一位“戏中人”了。也不知道她是在饰演别人的角色，还是在挥洒自己的人生。张曼玉使自己的气质在举手投足之间无意而自然地散发出来，不去刻意彰显的美丽，那才是永恒的魅力。

一个女人真正的魅力主要在于她特有的气质，聪明的女人会通过自己的气质来征服人心。一个女人内在的迷人气质，对同性和异性都很有吸引力，因为她所拥有的气质也是一种内在的人格魅力。女人的气质看似无形，其实是有形的，它是通过一个女人对待生活的态度、个性特征、言行举止等表现出来的。气质的“外化”表现在一个女人的举手投足之间，或是婀娜多姿的步态，或是待人接物的风度。陌生的双方初交，会彼此观察、打量，然后产生初步的印象。他人对你产生的好感，除了来自言谈之外，就是你的举止作风了。而一个有魅力的女人，通常会利用自己“热情而不轻浮，大方而不傲慢”的高雅气质征服对方的心。女人的气质美还表现在性格上，这就需要你能“忌怒忌狂，忍辱谦让，关怀体贴别人”。一个性格开朗的女人往往能透露出大气沉稳的风度，而且更容易表现出内心的情感。另外，高雅的兴趣也是女人气质美的体现，你可以爱好文学、欣赏音乐、喜欢美术，这些爱好都可以从根本上提升你的气质，并且彰显你的气质美。

所以，当你看见一个不漂亮但是很有气质的女人，你可以跟她说：“你真有品位。”一个女人被别人这样称赞，无疑是很愉悦的。女人，可以没有漂亮的外表，但是不能没有气质。学会做一个有气质的女人，然后用你独特的气质去征服对方。

好气质源于宽广的胸怀

法国浪漫主义作家维克多·雨果说：“世界上最宽阔的是海洋，比海洋更宽阔的是天空，比天空更宽阔的是人的胸怀。”如果一个女人能有宽广的胸怀，那无疑是女人身上最美的气质。有魅力的女人应该是一个聪明的女人，聪明的女人明白自己应该有大海一样宽广的胸怀，那样才更能体现女人的气质。胸襟宽广是一种忍让，一种淡泊；胸襟宽广是一种谦虚，一种境界；胸襟宽广是一种素质，也是一种气质；胸襟宽广是

一种学识，更是一种力量；胸襟宽广是一种宽容，更是一种博大的胸怀。要做一个有魅力的女人，就要拥有宽广的胸怀，那样才更能彰显自己的内在气质。

作为一个女人，你可能很娇贵，可能很单纯，可能很浪漫，但无论如何，你都要拥有宽广的胸怀，那才是作为女人的完美之本。拥有宽广的胸怀能够体现一个女人良好的修养和高雅的气质。它是一种仁慈的表现，更是超凡脱俗的象征，是美貌、财富、高贵都比不上的。女人以宽广的胸怀来面对每一天的生活、面对人生，才会拥有一个平静从容的生活，才能使自己活得更轻松、更洒脱。用宽广的胸怀去对待别人，其实就是宽容我们自己，让自己的心胸更宽广一些，我们的生命中就多了一点空间，我们的生活就多了一些美丽。一个女人首先要心胸宽广地面对自己的爱人，在漫长的爱情征途中，吸引对方持续爱情的最终力量，不是你的美貌，不是你的浪漫，也不是你伟大的成就，而是你有一个宽广的胸怀去容纳他。世界因为女人的存在而美丽，女人因为美丽而动人。在这五彩缤纷的世界里，做一个心胸宽广的女人才是真正美丽的，才是最富有气质的。

一位大学退休教授不幸患上了喉癌，经过手术后，虽然生命得以延续，但是他的体重骤降了二十一公斤。大约一年后，他的三位亲人又因为癌症相继被夺去生命，这对于他来说，是一种多么可怕的状况。他手术后不能开口讲话，于是使用了孩子给他买的电音箱，由于他为了工作讲话太多，他已经连续用坏了五只电音箱。但是，这位教授在如此艰难的情况下，一手创办了一个残疾人英语培训中心，从教学计划的制订到教材的编选，再从教师的聘请到找人，都是他亲自负责。这简直可以说是一个奇迹，但是最引人注目的，是这位教授的夫人。

教授夫人也是一位退休教授，在教授住院期间，她没有一天离开过，一直伴随在他身边，协助医师、护士照料他。丈夫体重轻了二十一公斤，她自己也轻了五公斤。丈夫要办学为残疾人服务，她也全力支持。由于培训中心缺乏经费，一天，她忽然交给丈夫一个纸包。教授打开一看，里面装有一万三千元人民币。她一边把钱交给丈夫，一边说："这是我和孩子给学校表示的一点心意。"那位教授在文章中写道："大多数女人对于金钱和物质都是很看重的，我妻子也不例外，但是对我的学校，她却网开一面。"

这"网开一面"便是教授夫人心胸宽阔的最好体现。她对丈夫的悉心照料，帮助丈夫战胜了病魔；而在丈夫需要经费的时候，她更是毅然拿出自己的积蓄，那是她对丈夫和残疾人的爱心。对于教授夫人来说，心胸宽广就是爱，就是顾全大局，就是包容一切，就是支持丈夫贡献社会而无怨无悔。很多女人往往任劳不任怨。她们非常聪明，很能干，也能吃苦，她们甚至能做出非常优秀的工作；但是唯一的缺点，就是心胸太狭

窄，只要有一点点小事就喜欢抱怨，一有机会就会抓住别人存在或并不存在的缺点，无形之中就使自己的魅力下降了。

但是，人生是短暂的，所以，女人在生活中不要因为一些鸡毛蒜皮、微不足道的小事儿耿耿于怀，为那些琐碎的事情浪费自己的时间，消耗自己的精力，甚至是自己的生命，那可是不值得的。人生在世，最重要的是做一些有意义的事，这样才无愧于自己美好的生命。女人不要把时间耗在争名夺利上，也不要把“就是为了争这口气”挂在嘴边。只有拥有宽广的胸怀，心平气和地做事，你才能把事情做好。容易生气的人身体免疫力也很低，容易生病，只有不爱和别人斤斤计较的女人，才能拥有幸福、愉快、健康的生活。

人们常常把胸怀比喻为大海，海纳百川，所以才无边无际、深不可测。如果我们把心放宽，凡事想开一些、看开一些，烦恼自然就不会再找上我们。所谓世间无难事，庸人自扰之，正是此意。聪明的女人从来不会把宝贵的时间浪费在一些小事情上面，更不会一天闲着没事去和别人斤斤计较。

拥有宽广的胸怀更能体现女人的气质，也更容易使她们得到别人的欣赏。女人只有拥有宽广的胸怀，才会在心中留出一片天地给别人。做一个心胸宽广的女人，培养自己优雅的气质，以此显现你的魅力。如果一个女人的胸襟足够开阔，那么她就会在与人交往中善于宽厚待人，能够容忍别人的缺点，也只有这样，才能征服人心，成就自己的气质魅力。

见识广博自然会气质出众

一个女人可以没有美丽的外表，但不能没有见识。女人要不断增加自己的见识，千万不要自艾自怜。只有拥有广博的见识，才会气质出众。女人生得国色天香、倾国倾城，那确实令人赏心悦目；可是如果你光有美丽的外表而没有足够的文化底蕴，人们往往会说你是“金玉其外，败絮其中”。所以，女人应该不断地学习知识与增加自己的见识，做一个见识广博的女人，这样你才可以成为一个有永久魅力的女性，而读书无疑是女人最好的一种选择。书中有动人的故事情节，有爱恨情仇，也有处世之道、为人的分寸，所有的疑惑，书籍都会给你指点迷津。常读书的女人，她们思维活跃，心境开阔，通情达理，人见人爱，她们生活在一种既和谐又宽容的环境里，心情愉悦。常读书的女人，拥有广博的见识，所以，你能在人群中一眼就看出她独特的魅力，她高雅娴静，气质出众。

多读书可以使女人变得见识广博，助她们以聪慧的心、宽广质朴的爱、善解人意的修养，将自己的美丽写在身上。因为读书，她们显得更潇洒、更具风韵，即使不施脂粉也显得神采奕奕。见识广博的女人，通常能够在语言交流中展现出不俗的谈吐，没有人愿意与一问三不知的女人交谈，那样会显得枯燥、无趣。这种女人智商都比较高，她们能把无序而纷乱的世界理出头绪，抓住根本和要害，从而提出解决问题的

方法。她们做的每一步都是经过深思熟虑的，这些都是平时不爱读书的女人所欠缺的。高尔基说：“学问改变气质。”读书是气质、精神永葆青春的源泉。读不同类型的书，可以让一个女人具有广博的见识。女人如果与书籍生活在一起，永远不会叹息。知识是心灵的美容佳品，而见识则是女人气质的时装。一个见识广博的女人，她的气质自然是十分出众的，那些淡淡书卷气息，让人悟在其中、品在其中，回味无穷。

文成公主是唐宗室李道宗之女，自幼受家庭熏陶，学习文化，知书达理，卓有见识。

她因为与吐蕃和亲，嫁到了远离家乡的西藏。在西藏当地，按照传统习惯，吐蕃人每天要用赭色土涂敷面颊，说是能驱邪避魔，虽说样子十分难看又不舒服，但是这是传统习俗，谁也没有提出异议，大多数吐蕃人只是照章行事。文成公主到吐蕃后，仔细了解和揣摩了这种习惯，认为这样做毫无道理，又有碍卫生，实在是一项鄙俗的陋习，因此她婉转地向松赞干布提出了自己的看法。松赞干布听了觉得她的话很有道理，立即下令废除这项习俗。最开始一些念旧的吐蕃人很不习惯，但慢慢地都觉得保持自己的本来面目既方便又好看，大家也都乐意接受了，他们甚至十分感激文成公主为他们破除了陈规。

文成公主以款款柔情善待松赞干布，使得这位生长于荒蛮之地的吐蕃国王深切体会到汉族女性的修养与温情，他不但

对文成公主备加珍爱，而且对她的一些建议尽力采纳。文成公主则凭着自己的知识和见地，细心体察吐蕃的民情，然后提出各种合情合理的建议，协助丈夫治理这个地域广阔、民风慓悍淳朴的地方。而且，文成公主不是那种极有权势欲的女人，她参与政治，却从未要求松赞干布给自己一个什么官职；对于吐蕃的重大政治决策，她只是提出自己的看法，并不强行干涉。因此松赞干布和大臣们对她非常钦佩，经常向她讨教唐宫的政治制度以作为他们行政的参考，而广大的吐蕃民众更视她如神明。

文成公主不但把自己的美丽带到了西藏，更把汉室的许多政治制度、生活习惯、音乐艺术带到了西藏，为西藏的繁荣昌盛作出了巨大的贡献，这些都要归功于她卓越的见识。

在女人的生活辞典中，“见识”正逐步成为第一关键词。有广博见识的女人永远散发着独特的魅力，面对各种纷杂的关系及问题，她们都知道如何从容地去应对。有见识的女人并不一定要学富五车、才高八斗，也并不一定是一方才女，她们可能就生活在我们身边。她们敏锐而灵动，从容而优雅；她们常常会在第一时间发现问题，并且恰当、周到地处理；她们在待人接物方面，也有自己独到的见解，她们总是显得大方得体、游刃有余。自强、自立、果敢、自信，是她们的座右铭，对于任何事情，她们能够知可为、知不可为。在现代社会竞争激烈的环境中，她们用见多识广的阅历，善于思考、识大体的见地

使得自己卓尔不群、受人尊重。她们在每一件事情上都会展现自己独当一面的风采，气质异常出众。

教育的普及和社会角色的转变，使今天的女人不再像以前那样大门不出二门不迈，只懂得在家相夫教子。对一个女人来说，读过的书越多，走过的地方越多，她的视野就会越开阔，见识也相应就越丰富越广博。聪慧的女人明白，个人再怎么伟大，也只不过是芸芸众生中普通的一员，就像空气中的一粒尘埃，用肉眼根本没有办法分辨清楚。也因为见多识广、思考得多，她在日常工作和学习中，说话做事往往一针见血、一语中的。

有广博见识的女人，她的气质自然比较出众，因为这样的女性能带给人们希望和方向。她们就像光明天使一样，用博爱的心灵引领人们走向正确的路途。女人不妨试着走出来，多听、多学、多看，多与人交流沟通，让自己更知书达理，做一个有广博见识的女人，做一个气质出众的女人。

出众的气质始于处世的淡然

一个女人出众的气质，首先来源于她处世的淡然作风。淡然地处世，并不是不在乎事情的大小轻重，而是在经历了许多以后，拥有淡然面对世事的心态。一个女人如果对事情的期望

值太高，就容易失落。所以，一个超脱世俗的女人，一个气质出尘的女人，就应该学会淡然地处世。淡然是一种人生境界，是不以物喜、不以己悲，波澜不兴、宠辱不惊的处世态度，是经历过人间烟雨、惊涛骇浪荡涤后的淡定与从容。淡然处世的女人，必定是心胸豁达、品行端正的女人，她们那超凡的气质，从她们的举手投足之间淡淡地散发出来，令人陶醉其中。

桃乐丝·迪克斯曾经说："我不为自己哀怜，也不为过去的烦恼流泪，对那些不曾遭遇过我这些苦难的幸运妇人不心存嫉妒。因为我确实是生活过了，而她们只是存在而已。我已经将生活的苦酒饮得一滴不剩，她们只是尝到上面的泡沫而已……我已学会不要对人期望太高，因此即使朋友对我不忠，或是不相识的人说我的闲话，我也不在意，仍然乐于和他们交往。"经历过苦难的洗涤，对世事的态度就会更淡然，心里会更沉静，不再有那些无谓的烦恼。女人不要停留在小女人的思想、活在自己憧憬的梦幻生活中，女人不要去想一些不切实际的事情，如果对梦太执着，对自己反而是一种伤害。女人要明白，最真的生活就是平淡如水的柴米油盐酱醋茶，虽然没有色彩，却食之有味。让我们学着淡然处世，微笑生活，与其忧伤地抱怨，不如开心笑笑，学会释怀就是一种淡然。

处世淡然的女人，就像是一部奇书，看上去通俗易懂，可是，翻开里面的每一页，都有不同的趣味，层层深入，引人入胜。当你认为已经全部读懂时，不经意间再浏览一遍，却发现

竟然还有更美妙的意境。处世淡然的女人，她们虽然身处繁华都市，却可以宠辱不惊。她们虽然身在世俗中，却不被世俗所浸染，她们身上永远有种出众的气质，有一份拙朴的意味。处世淡然的女人能够做到远离刻薄和庸俗，就像是荷花一样“出淤泥而不染”，永远守着自己的那份淡然的心境。处世淡然的女人明白，什么是属于自己的，什么不是属于自己的，属于自己的需要去争取，不属于自己的，纵有千般的诱惑还是会坦然面对。她们活在自己的淡然世界中，与世无争，波澜不惊，而又洁身自好。处世淡然的女人聪慧而不狡黠，通透而不犀利，仿佛是一个得道的仙人。她们会对旁人的“聪明”嫣然不语，见到曾经伤害过自己的人也是淡然一笑，而不是去加以报复。她们有自己的生活目标，不论是对于事业还是家庭，都表现得兢兢业业、宽宏大量。她们把自己的沧桑隐藏在心底，让一切慢慢地尘封在记忆里。淡然的女人除了相夫教子，还要为生活而奔忙，但是她们内心深处，永远有一个角落是别人到达不了的，那里只属于她们自己。

“菩提本无树，明镜亦非台，本来无一物，何处惹尘埃！”处世淡然的女人，总是被一种从容、柔和的气质所包围。她们不再有小女人般的无病呻吟，而是崇尚简单的生活，淡淡地来，淡淡地去，对人生、对社会持有宽容而非苛求的态度，永远保持自己内心的宁静。她们虽然是简单地活着，却善良、率真、坦荡，这使她们有时间和心情去品味人生的自然，享受生命的乐趣。处世淡然的女人拒绝练就那种江湖油滑的本领，她们会在处世的时候有条不紊，在世事的牵累和忙碌中偷出半点余闲，装饰自己、美化生活。她们时刻用淡然的心境去呵护生命，呈现出的是阳光般的笑容，端庄的气度，深厚的内涵，出尘的气质。

只有处世淡然的女人心里才会永远春花盛开，她们不会因为世事艰难而去埋怨生活，不会因为老公的宠爱而放纵自我。处事淡然的女人，就如一杯沏好的清茶，看似无味，实则悠远而绵长，是需要慢慢品尝的。处世淡然的女人，她们外表看起来安详，心里却充满了热情。她们善于用自己的真诚与爱，让平凡的岁月充满温馨，让枯燥的生活充满乐趣。女人如果要想拥有出众的气质，就要从处事淡然开始，一个心境淡然的女人，必定是一个拥有出众气质的女人。

第 4 章　优雅的神态，让人不知不觉迷上你

女人的独特魅力主要通过其神态显现出来，以此倾倒众人。一个聪明的女人，她会懂得把自己的妩媚隐藏在自己的举止中。有诗人比喻："媚态之在人身，犹如火之有焰，灯之有光，金银之有亮色，态之为物，特使美者愈美，且能使老者少，而蚩者妍。"一个女人的魅力就在于那些不知不觉间散发出来的迷人气质，或许是一个笑脸，或许是一个回眸，甚至是一举手一投足。女人的羞涩与温柔，恰似花丛的光艳，温润柔美；女人的灵动与泼辣，犹如流泉的神韵，静中闪动。一个女人，她还没有说话，你就可以通过她的神态，看到她的惆怅，诗情画意，勾人心魄，韵味悠长。女人优雅迷人的神态，能让人不知不觉地着迷。

一颦一笑，处处"妩媚"

当一个女人很漂亮的时候，我们常常用妩媚动人来形容她。女人的妩媚隐藏在她的举止神态中，一颦一笑间，尽显女人的万般风情。对于一个女人来说，魅力必不可少，如果是一个类似嫫母（传说中的黄帝之妻，中国四大丑女之一）的女人，那么，她再怎么努力地使出各种神态，也是和妩媚绝缘

的。美丽并不是主要的，一个美丽的女人，如果在举止和神态上并没有女人应有的气质，便无法成为妩媚的女人。一个有魅力的女人，她懂得把自己的妩媚藏在那一颦一笑中，举手投足之间，或者是高贵，或者是惠质兰心，或者是灵气袭人。她即便又是站那里，不说话，一动不动，眼神里也满是妩媚的柔光。一个女人重要的是她的举止神态，很多魅力都是从中显现出来的。拥有妩媚的风情，就会让人不知不觉着迷。

女人的妩媚来自于自己内心情感的释放，它柔弱、娇美，无意之中还带有一点儿骄傲，一点儿得意，一点儿羞涩，一点儿放肆，那是一种完全的女性味道的流露。女人要有女人味，而妩媚的女人堪称女人中的极品，她们不一定都拥有娇好的面孔和曼妙的曲线，她们拥有的是一举手一投中都令男人为之倾倒、女人为之羡妒的天资。媚是女人的天性，也是独特的女子风致，更是万种风情中最令人赏心悦目的一种。女人的妩媚在于眉梢，在于眼神，在于嘴角不经意间的微笑，在于忧伤时的蹙眉。妩媚的女人话语不会太多，因为她们的一颦一笑都会说话，或低头浅浅一笑，或嘴角轻轻一扬，或眼神迷离地注视，这些就足够了。女人的妩媚就是一种感觉，如果你把自己的想法、把自己的内心全部用语言表达出来，就不会有妩媚，就不会有诱惑。做一个光芒万丈的女人，让你的一颦一笑处处都充满“妩媚”。

妩媚的女人一定是自信的，她只有在自信的时候才会展

示出最美丽的一面，才能显示出和别人不一样的地方。自信是一种力量，一种吸引的力量。妩媚的女人举手投足之间都有足够的自信，所以才会迸发出妩媚的风情。那充满诱惑的迷离眼神，那风姿绰约的背影，那款款而来的步态，那略带羞涩的表情，都尽情倾洒着一个女人妩媚的魅力。妩媚的女人，连忧伤的时候都是极其迷人的，那蹙眉的神情，任谁看了都会心疼。只有充满自信的女人，才会大方地展现自己的举止神态，在一颦一笑间尽显妩媚。

妩媚的女人一定是得体的，不管是衣着还是举止，都彰显着自己的魅力。然而，一个漂亮性感且穿着漂亮衣服的女人，如果她在公共场合把手放到鼻孔里，你还会觉得她妩媚吗？如果她站立的时候，两腿不停地晃动，或者分得很开，那你还会觉得她妩媚吗？妩媚的女人，她们的举止神态都是很得体的，既能表现自己内在的涵养，又能展现独特的风情，她们把握着一个尺度，诱人但绝对不会让人犯罪，迷人但绝对不会让人随便跟她们搭讪，她们只是静静地站在那里，让自己的妩媚尽情释放。

妩媚的女人一定是干净的，一定是手指光滑细长的。试想一下，如果一个女人伸出手来，上面沾满了尘土和腥味，一点也不干净，也不光滑，那么你还觉得她妩媚吗？所以，女人要妩媚，首先就要保持整洁，这样才会为自己的妩媚魅力加分。妩媚的女人也一定是温柔的，只有温柔的女人才会有那样妩媚

的眼神。因为懂得，所以慈悲，如果女人不善解人意，你怎么能够让人读出你眼里的情谊?

众里寻她千百度，蓦然回首，那人却在灯火阑珊处。女人如花，女人似水，女人的一颦一笑都展现出与众不同的气质和清纯魅力，人的情感流露是最美的也是最短暂的一瞬间。有魅力的女人并不需要夸夸其谈来展现自己的魅力，她们会把自己的魅力隐藏在那些神态中，慢慢显露出来。当你看见她，才知道“万般风情尽在其中”。妩媚的女人并不是用嘴告诉别人她很妩媚，而是用自己眼神、举止、神态，甚至每一个毛孔来说话，她们的每一处都在展现自己的妩媚。一个女人的神态是由内而外展现的，如果你内在没有一定的涵养，就不会有得体的举止神态。所以，女人还是要不断提升自己，这样你的妩媚才会由内而外地散发出来，让人不知不觉间迷上你。

寻找到自己独特的“味道”

做个有味道的女人，根据自己的气质穿衣着装，同时不断地培养自己的人格、情趣，慢慢形成属于自己的独特味道。有味道的女人一般都有自己的品位，她们会选择最适合自己而非最好的饰品来彰显自己的独特魅力。有味道的女人在人群中不一定是最引人注目的，但绝对是最耐看、最经得起的品味的，

就像诗一样耐人寻味，又像酒一样醇厚芳香。每个女人都应该有属于自己的味道，就像花一样，会散发出自己独特的芬芳。想做个优雅的女人，就要让自己的言谈举止都自然得体；想做个知性的女人，就要充实自己的大脑，同时学会独立思考，把书本上的知识变成自己的见解；想做个完美的女人，就要内外兼修，既要重视自己的外部形象，也要不断提高自己的内在素质，秀外慧中，尽情挥洒自己的独特魅力。

女人的味道是一种境界，是一种情调，是一种优雅的生活态度。有味道的女人每一件衣物都是经过精心挑选的，一件大衣、一条丝巾、一把阳伞，都倾注了她的心思、她的涵养、她的品位，甚至一副手镯、一枚胸针，都透露了她别致的韵味。女人的味道有很多种，或是高雅，或是知性，或是神秘，或是淡然，或是安静，或是柔情，或是智慧，女人要选择适合自己的独特味道，才会彰显你的个性魅力。

如果你是一个优雅的女人，你就可以把优雅作为你的味道。初入社交场合，或是参加聚会，要尽显你优雅的姿态。精致清丽的妆容，大方得体的装扮；学会微笑，能够控制表情，知道自己最讨人喜欢的面部状态；能够口齿清晰地表达自己的想法，能够控制说话的语音、语调和语速，声音悦耳、友善；懂得基本的礼仪常识，得到别人帮助的时候，习惯表达谢意，打扰和影响他人的时候，习惯表达歉意；善良并且富有爱心，有感激之心，善待和理解他人，保持自己平和的心境。优雅就

是你独特的味道，当你优雅迷人地迈着步子走来，有无数欣赏、羡慕，甚至嫉妒的眼光审视着你，你会成为全场的焦点。

如果你是一个知性的女人，你就可以把知性作为你的味道。走路的时候，请挺直腰板，稳重第一，但也可以加快走路的步伐，脸上要神采奕奕；有时候出口成章，但是绝对不会在人前讲无聊的笑话，处处体现知性的风范；说话有理有节，有时候甚至不依不饶，偶尔语出惊人，那是另一番风景；在任何事情面前，都不会显露慌张的情绪，而是从容不迫地面对。当你侃侃而谈时，你的举止形态就会彰显你作为知性女人的魅力。知性是你的独特味道，也是你美丽神态的显现，会让人不知不觉地迷上你。

如果你是个柔情的女人，那么就把温柔作为你的独特味道。柔情似水的女人是有无限魅力的女人，她们在任何时候都会显得善解人意。所以，尽情施展你柔情的魅力，给那些愁眉不展的人一个甜蜜的微笑。让柔情充满你的每一个表情和神态，随时随地展现你柔情的一面，你的柔情让别人无法阻挡。当柔情女人尽显自己独特的味道时，柔而不弱，温柔而不放纵，往往倾倒众生。吐气若兰、柔情似水的女人是一座花园，幽香沁脾，令人心旌摇曳。

女人的美貌是天生的，但是女人的味道是自己的，每个女人都有专属于自己的味道。它是一个女人在神态上所表现出来的独特味道，或是聚精会神，或是静静不语，或是抿着嘴角

微笑，或是蹙着眉。女人要释放自己的魅力，就要最大限度地展现自己独特的味道。有自己独特味道的女人是最精致的，或许是淡雅而不失妩媚，美而不艳丽，显得楚楚动人；有自己独特味道的女人，或许是平凡的，她只是挚爱一切美好的事物，包括她自己；她被人欣赏，更欣赏别人、欣赏世界上的一切美景、欣赏人间的种种真情；有自己独特味道的女人，也许也会春风得意，但是绝对不咄咄逼人，她与人为善，不知刻薄为何物。女人的魅力是独一无二的，女人专属的味道也是独特的，你或许不是最好的，但是一定会变得更好。

女人的微笑是天下最美的表情

女人的微笑是花开的表情，是冬日的阳光，是冰雪消融后的春天，是天底下最美的表情。曾经有一对年轻的夫妻感情一直很好，但是妻子动不动就爱使小性子，生气了不说话，还成天板着一张脸，让丈夫感觉非常压抑。后来，聪明的丈夫想了一个办法，在妻子又一次板着脸的时候，他拿了一面镜子给妻子看，结果妻子被镜子里面的自己吓到了，她没想到自己生气的时候面目会是那么得狰狞可怕。从那以后，那个妻子即使很生气，也绝不再拉长脸了。

有时候，微笑胜于言论，对人微笑就是向对方表明：我喜欢你，你让我快乐，我喜欢见你。这样，别人当然也会喜欢你。卡耐基认为，如果你想得到别人的喜欢，那么你不妨轻松下来，给对方一个迷人的微笑。

美国钢铁大王安德鲁·卡内基的高级助手查尔斯·史考伯说自己的微笑值百万美金，他大概也是在暗示这一真理。因为，查尔斯·史考伯的性格，他所特有的魅力，他那善于讨人喜欢的能力，几乎完全是他卓有成就的原因，而他人格中的一种最可爱的因素，就是那人见人爱的微笑。可见，微笑的魔力是巨大的，所以女人要学会舒展自己的眉头，放松自己的心情，嘴角轻轻上扬，露出你最美的笑容。

笑是人类的特权，女人的微笑是没有瑕疵的，是没有太阳时的阳光。有人说，充满亲和力的微笑是水做的，感性柔和中溢满阳光的味道。女人的微笑是人世间最美的表情，最纯真的表达，一个女人在由衷微笑的时候是不假思索的。能够拥有阳光般微笑的女人是最可爱的女人，也只有懂得微笑的女人心中才有爱。爱，让微笑更美，而微笑，又让爱更加真实甜蜜。女人的微笑能让他人的心变得温暖、变得真实。

生活需要微笑，见了朋友、亲人，要学会报之以微笑，以振奋人的心灵，增进人与人之间的友谊；当你接受陌生朋友的帮助，也报之以微笑，使双方心情都舒畅；给自己一个微笑，生活会更加阳光。工作上也是一样，需要我们微笑，需要你用微笑去感化影响周围的人，让每一个人的脸上都挂起一片不落

的灿烂笑容。

在美国芝加哥郊外的一个小镇上，人们每天都要乘专线巴士去芝加哥上班，尽管每天碰面，彼此都很面熟，但就是从未打过招呼。每个人之间都像是隔了一层纸，虽在咫尺却从未谈笑风生。

一位巴士司机意识到了这种情况，他决定改变这种局面。一天，他和往常一样开车去接上班的人们，车上的人也依然如故，或是只顾自己埋头看报纸，或是观赏外面的风景。当车子行进到一条山路上时，司机突然将车停了下来。他严肃地对大家说："现在，大家一切听我的命令。"车上的乘客面面相觑，以为出了什么事情，都显得非常紧张，因而，都对司机的话非常顺从。于是，司机说："放下你们手中的报纸。"所有的乘客都放下了手中的报纸。司机又说："把你们的头转向你们身边的人，对他（她）微笑，然后说'你好'。"大家又都依旧照做了。

没有想到，这一个微笑、一声"你好"竟然带来了神奇的效果，车厢里的气氛顿时活跃了起来。人们像是由此打开了话匣子，互相介绍，谈笑风生。在一种愉快与融洽的氛围中，汽车很快就到达了终点站。人们向司机投去了感激的目光与善意的微笑，于是大家相约，明天还坐这辆车。

人与人之间的距离，根本不是牢不可破的，有时候只需一个微笑就可以拉近彼此的距离。学会给你生活中见到的每一个

人一个微笑，用你的微笑为你传递友好、传达问候。你对别人微笑的时候，别人同样也会对你微笑。微笑是全世界通用的语言，哪怕你遇到的是一位国际友人，你也可以展现你的善意的微笑。微笑带来的魔力是巨大的，它可以让别人感到温暖，也可以令自己感到快乐。对于人与人之间的隔阂，有时候只需要一个理解的微笑，就可以达到和解的效果。一个微笑可以迷倒众人，一个微笑可以“化干戈为玉帛”，一个微笑可以提升你的魅力。

密歇根大学的心理学家詹姆士·麦克奈尔教授谈及他对微笑的见解时表示：有笑容的人在管理、教育、推销上会更有功效，更可以培养快乐的下一代。笑容比皱眉更能传达你的心意，这就是在教学上要以微笑的鼓励代替处罚的原因所在了。聪明的女人，你该怎么办呢？有个办法：强迫自己微笑。当你面对你讨厌的人的时候，你要微笑，那是大度的表现；当你第一次见到对方时，不妨给他一个微笑，这样可以巧妙地化解尴尬；当你一个人独处的时候，可以哼哼调子，唱唱歌，做出很快乐的样子，那样会使你快乐。女人微笑的魅力无处不在，能够时刻微笑的女人，是因为她有一颗乐观的心。微笑的女人，一般来说运气都不会太差，想做一个有魅力的女人的话，就让微笑来为你增添光彩吧。

羞涩，最令人心动的表情

徐志摩在《沙扬娜拉》中说：“最是那一低头的温柔，像一朵水莲花不胜凉风的娇羞。”短短两句，却把女人的羞涩刻画到了极致。害羞是女人的天性，因为女人天生就胆小。男人偶尔也会害羞，但是羞涩在女人身上体现得更为淋漓尽致。一低头、一回眸、一抿嘴，两片绯红瞬间像两片红云一样飞上女人白皙的脸颊，相信这是很多男人都为之动容的一刻。国际影星索菲娅·罗兰说：“真正的魅力就是自我的诚实表现……有时，某种羞涩或者失言，都具有魅力，因为它们发自心灵，诚实无饰，使我们看见了一个人的独特侧面。”的确，羞涩之美是一种发自内心的诚实的美，也是一种含蓄美，“犹抱琵琶半遮面”或是低头不语，无不刺激人的想象力，让人不知不觉沉醉在其中难以自拔。在女人的万般表情当中，羞涩是最动人心绪的情绪，因为它将女人的娇羞、柔弱表露无遗，就像披在女人身上的一层薄纱，增加了她们的神秘感，令人忍不住想一探究竟。

羞涩其实是人类文明进步的产物，任何动物，包括最接近人类的猩猩，都是绝对不会害羞的，自然也就没有羞涩的情绪。羞涩是人类最为天然也是最纯真的感情现象，它是一种感到难为情、不好意思的心理活动，它往往还伴随着甜蜜的惊慌、异常的心跳，外在的表现就是态度显得很不自然，脸上荡

起红晕。女人脸上的红晕，是青春羞涩的花朵，是一种美，是一种特有的魅力。羞涩，往往是女人感情的信号，它是一种动情的外部表现，是被陌生环境、场面所触发的紧张情绪或者是被异性拨动心弦的反应。曾经有位诗人这样写道："姑娘，你那娇羞的脸使我动心，那两片绯红显示了你爱我的纯真。"由此可见，女人那张羞涩的脸，本身就是一首优美的诗。

有一次，唐朝官宦在江苏扬州选美，邀请灵心善感、明目善睐的大诗人崔钰一同前往。那日，美女如云，汇聚一地，她们的衣着或艳丽如火，或清秀似荷，百花闹春般地让人眼花缭乱。她们在官家的指使下站成一排，低着头，人唤之抬头，接受检阅。崔钰在一旁默不作声，静然观察。但见其中一女子听唤其名，不作犹豫扬头直视，另一女子则腼腆娇柔婉转抬头，还有一个女子，先不抬头，再三唤之，她才慢慢抬起头来，她的目光风情万种，好像在看人又实非看人，等官家鉴定后，她又以眼光施以悱恻的一扫，才又低下头去。崔钰以他敏感的心性和深厚的学养，道出美人的真谛：这个女子羞涩、妩媚，她那脸上泛起的红晕，是两片含露的花瓣，是一章优美的律诗，是女子特有的风韵媚态。

的确，在世上所有的色彩中，女性的羞涩是最美的。那种欲看又不敢看，心里如小鹿般乱撞，脸上立即红霞纷飞的神态，让人欲罢不能。一个女人即便美得就像是从画中走出来的一样，但是如果失去了羞涩之美，也会犹如花儿缺少了香

味，总让人心存缺憾。“犹抱琵琶半遮面”“欲走还休，却把青梅嗅”，女人美丽的容颜，再带点羞涩的味道，两相映照，互发光辉，更增添了女性的迷离朦胧。女人的羞涩，是一种含蓄的美，是一种使女人充满无限韵味的美，更是一种不可缺失的美。

羞涩的女人，都是很有主见的女人，为人处世有自己的原则和底线，知道什么事该做、什么事不该做。同时，羞涩的女人也是有思想的女人，因为见识广博，所以更加懂得自尊自爱，不随便和人谈论是非，为人极为克制。羞涩的女人是文静的，她们品行稳重，说话语气温柔，从不对人大喊大叫，走起路来步履轻盈，她们走过的时候，你会突然感觉好像整个世界都放慢了脚步。羞涩的女人是淡泊的，她们永远不会和别人争女主角，因为她们知道自己要的是什么。她们更不会挑拨离间，因为她们的善良不允许她们这么做。羞涩的女人气质清逸高贵，不怒自威，这一切都让她看上去那么与众不同，浑身散发出迷人的魅力。

羞涩的女人通常更通情达理、懂得尊重别人，在家里她是好妻子、好媳妇，在单位是好员工、好同事。羞涩的女人会为你保守秘密，是你最值得信赖的朋友。就算事业做得再成功，羞涩的女人也不会狂妄自大，自处高位也绝不放弃自己的一些小爱好。对她们来说，人生只是一段太短的旅程，值得自己珍惜的东西太多太多，只有好好珍藏沿途的每一处风景，才不会辜负了旅行的意义。羞涩的女人是清醒的，这种清醒使她能够坚持自己，同时又不愿意麻烦别人，而这本来就是一种良好的品行。

第 5 章　举止，优雅得体让魅力环绕你

一个女人的魅力，很多时候是通过她外在的表现自然而然散发出来的。如果你参加一次社交聚会，而你的举止优雅得体，那么就会让无尽的魅力在你身上展现出来。有风情的女人就像是灵动的流水，她们在一举手一投足的时候，会尽显优雅，迷倒在场的所有人。一个举止优雅、相貌平平的女人胜过外表华丽而举止粗鲁的女人，所以说女人的内在魅力是无法抵挡的。成熟女人应该有自己独特的风韵，或从容不迫，或宁静淡然，或浪漫如诗。女人味是女人专属的味道，既然上天让你做女人，那么你就要尽情地展现你的女人味，那是一种让人无法抗拒的魔力。

举手投足间尽显“风情万种”

有时候，一个有魅力的女人，只需一举手一抬足，就会在无形中散发出万种风情，倾倒众生。女人的风情和男人的风度一样，一个女人纵然外表再美丽再漂亮，可如果她没有女人应有的风情，也会像一淙不会流动的水、一座没有灵气的山，显得空洞乏味。对于每一个女人来说，漂亮与否仅仅限于外貌；而风情，则是女人骨子里透出的一种味道，如果一个女人故意

卖弄风情，那会显得她庸俗不堪。风情万种的女人，在聚会或是社交场所，总是能够展现自己最为优雅的言行举止，她举手投足之间，多一分是轻浮，少一分则是做作，她们总是拿捏得恰到好处。风情万种的女人，可能看起来说不上漂亮，但是，只要她站在那里，人们便会认为她是个独特的美丽女子，不是诱惑的媚，却能触动心底的弦，回味了再品，更是醇厚的香。要做一个风情万种的女人，你就要有优雅得体的言行举止，那样才能尽显你耀眼的魅力。

萧蔷，一双如梦的大眼睛透着清纯，写满了热情。安静的时候，她会像水一样柔柔的，让人爱怜、令人心动，让人感觉心里也是柔柔的；动起来的时候，那飘飞的长发透出十足的野性张扬，富有活力。她的风情带有一种强烈的渗透力，让你无处可躲、无处可逃。当然，面对她的美丽、她的风情，没有人愿意去躲、去逃。

有魅力的女人，就应该有自己的个性，有自己的风韵，有自己的独特之处，有自己的风情。她们在顾盼之间招人怜，媚眼纷飞招人爱，回眸一笑惹人醉。女人真正的万种风情，不是搔首弄姿，更不是浓妆艳抹，而是由内而外散发出来的迷人风情，它是一种优雅得体的举止，更是高雅迷人的谈吐。风情是女人独有的韵味，体态丰而不腻，身姿媚而不妖，更为难得的是举手投足、顾盼之间，有着漫不经心、怡然自如的一丝高贵。风情万种的女人，不需要言语，就会令人怦然心动，令女

人嫉妒、令男人疯狂。风情万种的女人，似乎血液里就有一种风情，骨头里散出的是风情，眉眼里流的是风情，嘴畔间笑的是风情，袅袅步姿间行的也是风情。

风情是来自于“神”，而性感来自于“形”，神是内在，形是外在。万种风情是女人骨子里渗透出来的诱惑力，更能体现女人十足的韵味，让男人为之倾倒、为之痴迷。女人真正的风情，不在于卖弄，不在于张扬，而在于自然的流露。当然，女人的风情并不是一朝一夕就能自然地流露出来的，也不是女人某一身体部位或者某一行为动作就能展现出来的。这都需要女人从文化到修养、从言谈到举止、从服饰到妆容，经过很长时间磨炼出来。女人要想拥有万种风情，就需要增强自己的学识，修炼自己的人格，学习文化，规范自己的言谈举止，选择合适的服饰打扮。女人的风情，在张扬的时候，要有板有眼；敛收的时候，要恰如其分。做一个风情万种的女人，要从里到外、由内及表，使自己焕发出迷人的风采。

举止优雅胜于外表华丽

女人的美丽不是为了取悦男人，不是为了追求虚荣，而是热爱生活与自尊自爱的写照。优雅的女人，热爱生活，热爱自

己，而不是到处炫耀自己的美丽，因而，她的魅力是无意间散发出来的。一个有魅力的女人，一定是一个举止优雅的女人。一个女人如果只是外表华丽，但是举止粗鲁、言谈粗俗，就会让人感到失望，甚至是厌恶。一个相貌平平的女人，如果能够展现自己优雅得体的举止言谈，就会让人感到很舒服，也就是说，优雅的举止可以使一个平庸的女人变得异常迷人。对于一个女人来说，优雅的举止要胜于外表的华丽。所以，做一个迷人的女人，要先学会做一个优雅的女人。

女人优雅的举止，虽然表现在外面，但是那优雅的气质实则来自内在的修养。在生活中，做一个优雅的女人应该是女人一生中追求的目标。女人的优雅是表现风度举止的一种方法，它是自然的、有个性的、简洁的、调和的、知性的，以及宽容的，也是面对生活各种不同状况所反映出来的内心的一种智慧。如果一个女人内心没有优雅，就不能说她是真正的优雅。从一个女人优雅的举止里，我们可以看到一种文化教养，让人赏心悦目。要做一个优雅的女人，首先就是要增长自己的知识，将优雅之树的根深深地扎在文化的沃土之中，这样才能使它枝繁叶茂。读破万卷书的女人，心中不会存有一点污染，知识可以培养一个女人的优雅。所以，要想做一个优雅的女人，就要多读一些书，尤其是一些励志的书，不断地充实自己、完善自己，才能使自己的言谈举止优雅起来。一个举止优雅的女人，可以胜过一个外表华丽的女人，举止优雅可以使你的魅力

万分迷人。

1. 站姿

要“站如松”。正确的站姿是：身体与地面垂直，重心放在两个前脚掌上，挺胸、收腹、抬头、双肩自然放松，双臂自然下垂或在胸前交叉，眼睛平视前方，面带微笑。站立时歪脖、斜腰、曲腿等姿势都是很不雅的。尤其是在一些比较正式的场合，千万不要将两手插在裤袋或在胸前抱握，那样既不雅观，又会显得我们拘谨，给人缺乏自信的感觉。总之，站立时一定要身型挺拔，给人以亭亭玉立之感。

2. 坐姿

要“坐如钟”。正确的坐姿是：挺胸，抬头，收腹；前不可贴桌边后不能靠椅背，身体与桌、椅保持一拳左右的距离；两膝自然并拢，双脚自然垂地，不可跷腿，也不可双腿一前一后，呈内八字状；双手掌心向下相叠或者两手相握，置于身体的一边或放在膝盖之上。女人坐得端庄优美，会给人自然大方、文雅、稳重的美感。在正式场合，入座时动作一定要轻柔和缓，起座时要端庄稳重，切忌猛起猛坐，弄得桌椅乱响，造成尴尬的气氛。不管是哪一种坐姿，上身都要挺直，这样不管我们怎样变换身体的姿势，我们的坐姿看上去都会自然、优美。

3. 起姿

行走是女人生活中的主要动作，走姿是一种动态的美。

“行如风”就是用来形容轻快自然的步态。正确的走姿是：轻而稳，胸要挺，头要抬，肩放松，两眼平视，面带微笑；迈步向前的时候，重心应从足中移到足的前部；腰部以上至肩部应尽量减少动作，保持平稳；双臂靠近身体随步伐前后自然摆动；手指自然弯曲朝向身体。行走路线尽可能保持平直，步幅适中，两脚的间距以自己一只脚的长度为宜。

4. 谈话的姿势

跟别人交谈、听别人讲话时，身体要微微前倾，双目自然真诚地看着对方，面带微笑，适时地对对方的问题作出回应。切忌边听别人讲话边忙自己的事，如看着窗外和手表，或者玩弄手机、哈欠连连等，否则会给别人留下不良的印象。

5. 气质

女性的气质贵在优雅。社交中，女子应表现出女性的温柔，轻盈，娴静和典雅之美。行为举止有柔性，优美有度，给人以虽动犹静的韵律美，再伴之和善亲切的微笑，这样的女性才会让人觉得赏心悦目。有良好修养的女性，在举止行为中一般都注意这些方面：自然大方、善于微笑、注意场合、尊重他人。

6. 谈吐

女人得体的谈吐是修养的再度升华。交谈是指人与人之间通过语言进行交流，从而达到沟通信息、相互了解的目的，只有掌握一定的技巧与礼节，才能在与人的交谈中体现出自己的

修养。俗话说：“良言一句三春暖，恶语伤人六月寒。”同样是说话，有文雅、粗俗之分，恭敬有礼的话温暖人心，刻薄粗俗的话令人不悦。女人在面对任何人、在任何场合说话，都有自己的特定身份。这种身份，也就是自己当时扮演的角色。如用对小孩子说话的语气对老人或长辈说话就不合适了。说话要尽量客观。这里说的客观，就是尊重事实。事实是怎么样就怎么样，应该实事求是地反映客观实际。有些人喜欢主观臆测、信口开河，这样往往会把事情办糟。当然，客观地反映实际，也应视场合、对象而定，注意表达方式。说话要有善意。说话的目的，就是要让对方了解自己的思想和感情。

7. 优雅就餐

喜爱香水的女士不宜涂过浓的香水，以免香水味盖过菜肴味道。女士出席隆重晚宴时避免戴帽子及穿高筒靴。刀叉、餐巾掉在地上的时候，不要随便趴到桌下捡回，应请服务员另外补给。食物塞进牙缝时，不要一股脑儿用牙签把它弄出，应喝点水，试试情况能否改善；若不行，应该到洗手间处理一下。菜肴中有异物时，别大惊小怪地告知邻座的人，以免影响别人的食欲；应保持镇定，赶紧用餐巾把它挑出来并扔掉。切忌在妙语连珠的时候不自觉地挥舞刀叉。不应在用餐时吐东西，如遇太辣或太烫的食物，可赶快喝下冰水作调适，实在吃不下时便到洗手间处理。

成熟女人的独特风韵

成熟的女人有她自己独特的韵味，一个成熟的女人就应该是一位有品位的女人。成熟的女人，要学会不断地改变自己，不断创造新的情趣，不要沉沦于锅碗瓢盆和琐碎的事务之中，要善于从俗事中跳出来，从习惯中脱逸出来，不断创造新的感觉。成熟女人独特的风韵易惹人醉，修炼到此境界的成熟女人就如同陈酿美酒，令人迷醉。索菲亚·罗兰说过："年龄是你的一种自我感觉。"她说，她很欣赏一个法国男士在这个话题上对她说的话："女人从三十五岁到四十五岁是要变老的，那是自然规律。而某些女人在四十五岁时却像着了魔似的一下子变得智慧，美丽，成熟，热烈和娴静。这样成熟而浪漫的美与容貌无关。"如果你已经是一个成熟的女人，那么就要学会拥有你独特的风韵。

就像四季的更迭一样，每一个女人都要经历成熟的阶段。少女固然单纯可爱无忧无虑，但成熟的女人也有自己的独特风韵。成熟的女人就像一杯美酒，在经过岁月的洗礼之后，华丽转身，化蛹成蝶，散发出迷人的芬芳。成熟的女人是自信的，是清醒的，也是乐观的，她的脸上时时挂着发自内心的真诚的微笑。成熟的女人面对困境处变不惊，沉着应对，在她的身上你绝看不到一丝女性的脆弱。成熟的女人是性感的，她的性感既不在于身材是否魔鬼，也不在于脸蛋是否天使，而是其由内

而外散发的蚀骨风情。性感不是年少轻狂时的招摇过市，而是隆重出场时赢得的鸦雀无声，与百分百的回头率。

成熟女人能巧妙地将各种角色集聚一身，做母亲的，明智、奉献与大度；做妻子的，娴熟、明理与娇柔；做朋友的，开诚布公、肝胆相照。

成熟女人的韵味在于：情韵上，把握男人的脉搏；神韵上，潜入男人的灵魂；意韵上，走进男人的心灵深处。

成熟女人的韵味在于：名声上，看得淡；情感上，看得开；仕途上，看得清；钱财上，看得透。

成熟女人的韵味在于：把握自己的健康，把握自己的心态，把握自己的生活，把握自己的命脉。

成熟女人的韵味在于：生活的平静，生存的安宁，心态的与世无争。

风韵女人一定是并不年轻但很成熟的女人，所谓成熟，不仅包括心态，也包括身体。因为成熟，所以显得随心所欲、得心应手，直叫人分不清东西。真正成熟的男人欣赏与迷恋的，一定是风韵犹存、风情万种的女人。在成熟男人看来，性感的女人是一杯水，晃眼却乏味；风韵的女人如一瓶酒，色重却够味，尤其是那种经久不息的后劲，醇和绵长，非常值得回味。成熟的风韵女人都有自己的独特的风韵，或是淡然从容，或是宁静优雅，或是浪漫如诗。

1. 淡然从容

成熟的女人，她们淡然从容，处变不惊，尽情地享受着生命中的每一刻。工作的时候，全身心投入地工作，就好像不是为了钱一样。就算得不到别人的喝彩，她们一样会为自己鼓掌。她们绝不会肤浅地因为别人的评价而无所适从。做任何事情，她们都有自己的目标和计划。热爱工作，却不是工作狂。下班之后，她们常常会给自己和家人烹调几道美味，犒劳一下自己的胃，让家里洋溢着温馨。在音乐的陪伴下，她们会将家里打扫得干干净净一尘不染，然后在浴室惬意地享受着玫瑰花瓣浴。睡前会翻几页好书，然后在书香中美美地睡去。成熟的女人喜欢看书，喜欢听音乐，她们常常会被书中的故事感动。成熟的女人也会做健身运动，让自己的身体时刻保持健康状态。

2. 宁静优雅

成熟的女人，她们宁静安详，心清气爽，温柔娴雅，善解人意，拥有至真、至纯、至善、至美的情感。她们为家庭营造一种舒适、安然、甜蜜、温馨的氛围，她们柔情似水、体贴入微，缠绵的情怀是男人停靠的温暖港湾，深邃的母爱是孩子依偎的圣洁天堂。她们或许已经上有老人、下有子女，而且她们要和男人一起挑起婚姻、家庭的重担，用柔软的肩膀撑起一片蓝蓝的天。虽然自己肩上已经有家庭的负担，但是，无论在家里还是出入各种场合，她们都会尽显她们优雅的姿态，让你感

叹她们宁静而优雅的风韵。

3. 浪漫如诗

浪漫是“成熟女人”这本书的封底，而不是装帧得精美的封面。就如同你突然在书架上找到一本可心的好书，你会一章章、一节节、一段话、一个字，不急不慌地读过，直到最后一个句号。当你闭上眼睛的时候，你还在恋恋不舍地追忆读它的感觉，心满意足地合上书的瞬间，才看到了并不起眼的封底。可这时你已经知道书中一个个令你心动的细节，你也不必再为找寻某一章某一节而匆匆地浏览。你可以舒心地长叹一口气，从容地面对封底，坐下来去细细地回味书中的内涵——正如品味一个成熟女人独具的风韵与浪漫。

修炼无法抗拒的女人味

女人味是俘获男人最好的武器。一个女人可以不漂亮，也可以不聪慧，但绝不能失去女人味。有女人味的女人，男人会不自觉地被吸引，就连女人也会对她高看三分。有女人味的女人知道自己的优势，也知道自己的弱点，懂得适时进退，绝不会为了所谓的面子逞一时之强，失了自己的身份。她们永远知道怎么做才是对自己最有利的，也因此，她们常常在人际关系中如鱼得水、左右逢源。可惜女人味不是每个女人都有的，许多女人终其一生也不得要领。因为女人味看不见摸不着，无形无色，说不出来是一种什么形状，只是一种感觉，是从女人的骨子里散发出来的一种味道。像花一样在空气中绽放，让经过的人都情不自禁地放慢脚步，驻足欣赏。

女人味，那是专属于女人的味道，也是女人的魅力所在。女人味对于女人就像香味之于鲜花，清辉之于明月，所以做女人一定要有女人味。女人有味，三分漂亮可增加到七分；女人无味，七分漂亮会降至三分。女人味让女人向往、令男人沉醉。男人无一例外地会喜欢有品位的女人；女人征服男人的，不是她的美丽，而是她的女人味。作为女人，无论你是高级白领还是普通家庭主妇，都少不得女人应有的温柔、温顺、贤惠、细致和体贴。要在传统和现代之间寻找一个平衡点，在追求性感火热的时尚之美的同时，也不摒弃传统古典的雅致婉约；既要在事业上与男人比翼齐飞，也不失去一个小女人的小情调、小手段和小幸福。那些凭内在气质令人倾心的女人，是最有女人味的女人。

王月是一个知性的中年妇女，像所有传统的女人一样，她贤惠、善良，相夫教子，只是性格略微有些火爆。

有一天，她在街上发现丈夫和一个年轻女子亲密地走在一起，她简直不敢相信自己的眼睛。那个与自己生活了十几年，甚至有点“懦弱”的丈夫居然背叛了她，甘愿冒“妻离子散”“前程毁灭”的危险。她无法接受这个可怕的事实。她号

啕大哭，大吵大闹，最后换来的却是丈夫一脸漠然地对她宣布离婚。

“为什么？我犯了什么错？我做了对不起你的事吗？”她用颤抖的声音质问丈夫。

丈夫叹了口气说：“没有，你做得很好。你是一个好妻子，也是一个好母亲。”

“为什么？就因为她年轻、漂亮？”她恨那个夺走她丈夫的狐狸精。

她的丈夫摇了摇头，始终没有说出原因。而在他们离婚后，她的丈夫在和朋友的一次聊天中，说出与妻子分手的真正原因——与第三者并无关系。他说他爱上那个女子是因为她更像女人，即便没有遇见她，也会遇见另外的女人。

更像女人，这就是答案。男人要勇猛、强悍，要有男人味才像个男人。而女人则要温柔、性感，要有女人味才像个女人。很多女人，不明白这个道理，认为女人味是一种看不见、摸不着的东西，不知什么才是“女人味”。其实，女人味很简单，就是女人所独有而男人所不具备的外在的、内在的东西。也许是一杯红酒下肚后，两颊那两抹红晕；也许是在厨房里忙得不可开交时，回头的那一笑；也许是有了孩子之后，身上散发的那种母性的光辉；也许是眼神中的那一点关怀。总之，女人味是灵动的、神秘的，让男人魂牵梦绕、让女人羡慕不已。

被称作“铁娘子”的英国前首相撒切尔夫人曾不无骄傲地说：“每当我在家里，早饭总是我做，午饭也是我准备。”她外刚内柔的性格令她女人味十足。

女人味并不是一种特质，也不是一个单词，它像一种无形的力量，传达出女人的气息。上天让你做女人，你就好好地做个女人，把女人做到极致，做得有滋有味、有声有色。即便你没有花容月貌、窈窕身材，你也可以有女人味，这就是你最大的魅力。所以，作为女人的你，不论是在街上、咖啡厅、机场、酒吧还是办公室，都要像个女人，要24小时都是不折不扣的女人，随时随地展示你作为女人的风采和魅力。

要做一个有女人味的女人并不那么容易，能让男人心动并欣赏的女人不一定漂亮，但一定是女人味十足的女人。女人味不是与生俱来的，只有自己在后天慢慢地修炼，才能使自己韵味丰盈四溢。所以，女人味也是女性的自我证明、自我追求、不断提高的一种境界。女人味是一种文化修养，一种品味，一种美好情趣的外在表现。如果你觉得自己不够漂亮，没有关系，你可以让自己女人味十足，那绝对会让你拥有他人无法抗拒的魅力。

第二部分

做有品位顾健康的雅致女人

漂亮的女人如花，雅致的女人如茶；花有花期，总会凋谢，茶却有余香，让人回味。单纯地选择做花一般的女子或者茶一样的女人都不是我们所想要的，最好的结果是这两种的结合，外表如花，内里如茶。得体的衣着，脱俗的气质，高雅的品位；认真聆听，幽默的谈吐，健康的体魄，做一个这般有品位、顾健康的女人，无论在怎样的场合出现，都有如清风徐来。这样的女子，在公共场所不会大声喧哗或有不良举止，在老公和亲人面前会展现自己娇弱的一面，在孩子面前更是童心依旧。她不会因为家务或者年龄而怠慢自身的修养，反而会注意锻炼让自己更健康。做一个这般让人感觉亲切随和，使人如赏名乐、如品名茶的暗香涌动的雅致女人吧！

第 6 章　品位，出尘脱俗升华魅力

雅致的女人，就像一件完美的艺术品，每一个细节都是艺术家精心设计的杰作，她们有品位、有情调，无时无刻不在享受生活。在雅致女人身上，我们看不到岁月的痕迹，看不到生活的辛酸，好似在世界的某个角落有一处桃花源，专为她们的栖息之地。人生在世，不应该仅仅为了生活而生活，那些忙于生计、为生活所累的女人，或许可以暂时停歇匆忙的脚步，好好欣赏一下周围美丽的风景。

魅力女人玩转时尚

有人说，徐静蕾清淡如菊；也有人说她芳雅似兰；还有人说她是绿茶，嗅之芳香扑鼻，入口清凉回味长久……在娱乐圈摸爬滚打多年，徐静蕾的魅力不仅没有打折，还越来越具芬芳。不能否认，徐静蕾是娱乐圈中的常青树，是最有魅力的女星之一。

徐静蕾的魅力，与时尚不无关系，她曾有名言："时装是一种艺术境界。"无论在什么场合，她的衣着和饰品都是观众津津乐道的话题。在《杜拉拉升职记》中，徐静蕾的服饰风格丰富前卫，完全丢开传统职场女性沉闷单一的着装风格，引起

了全国职业女性的职业装束大变身。

不仅如此，前些年，徐静蕾还玩起了当时最流行的博客。徐静蕾在新浪上的博客仅仅开通112天，点击量就突破了1000万大关。2006年5月4日，徐静蕾的博客登上了全球知名博客搜索引擎Technorati的排行榜首，成为第一个登上该搜索引擎榜首位的中文博客，她也因此被称为“中国博客第一人”。

引领时尚潮流的徐静蕾，其魅力不仅没有随着年龄的增长而有丝毫减少，反而越来越令人回味无穷。时尚，是人类永远关注的话题，也是女人永葆魅力不可或缺的工具。玩转了时尚，女性就会散发出一种专属于自己的独特魅力，别人想学也学不到。

女人和时尚之间，有剪不断理还乱的关系。女人追求时尚，时尚又常常是女人的专利，我们经常听到“时尚女人”一词，却很少听到“时尚男人”这一说。走在大街上，那些穿着时尚、举止优雅的女性总能轻易吸引男士的目光。男人喜欢有品位的女人，而品位又与时尚有直接的关系。一个有品位的女人，浑身上下都散发着时尚气息，而一个不知时尚为何物的女人，无论如何也不可能具有品位。

在很多女人眼里，流行就是时尚的代名词。流行什么，她们就认为什么最时尚。于是，在街上经常看到很多女人穿着同一款衣服，甚至从头到脚造型都一模一样。流行是一阵风，跟风的永远是那些没有自我的女人。而时尚的女人在人群中是

不会被埋没的，她们形成自己独特的气场，让人不敢逼视。对于她们来说，只撷取流行的一个元素，就可以打造出属于自己的时尚。女人要把时尚玩转，而不要人云亦云紧随着流行的脚步，否则到头来反被时尚给玩了。

魅力十足是每个女人都渴望得到的赞美之词。一个魅力十足的女人，她必定外表精致优雅，举止得体大方，言谈丰富时尚，声音轻缓悦耳，眼神充满善意。魅力的内涵是外在形象与内在素质的完美结合，而形象和素质都是可以利用时尚加以提高的。

瑜伽可以修身养性，培养气质；旅游可以开阔视野，放松心情；创业可以赢得自尊，练就睿智的眼光；理财可以使人更好地规划自己的现在和将来……这些，都是当下最为时尚的元素，也是女性提高自身魅力的有效方式。玩转时尚，并不是简单的追求名牌，而是体味时尚的内涵，在时尚中修炼自己的魅力。

一般来说，时尚带给人的是一种愉悦的心情和优雅、纯粹的不凡感受，它赋予人们不同的气质和神韵，体现不凡的生活品位，精致展露个性。同时，人类对时尚的追求，能够使人更加自信，注重生活质量，促进生活更加美好。

很多女人年轻时也曾是潮流的追随者，华衣美服，举手投足间都是时尚迷人的味道。而随着年龄渐长、各种琐事的增多和工作压力的增大，许多人逐渐放弃了跟随时尚的脚步，对

时尚的理解与时代脱节，过早地将自己与时尚隔绝开来，每日只是忙忙碌碌地过日子，却忘了活着的意义。女人不管什么时候，一定要活得美丽，始终保持自己独特的魅力，这才是作为女人的终极目标。

时尚是对女人的充分肯定，而时尚的内涵是随着时代的发展而不断变化的。女人要玩转时尚，还要有一双善于发现时尚元素的眼睛，不要直至别人已经觉得索然无味时才发现那原来是时尚的一种形态。

女人是否有魅力，关键看她能吸引多少人的目光。时尚，从来都是众人目光追逐的对象，具备了这个条件，你就能在人群中显得与众不同、鹤立鸡群。做个玩转时尚的专家，你就离魅力女人更近了一步，生活也会更加精彩。

女人做音乐的精灵

生活中，一幅至美的画，值得人们细细欣赏；一本古老的书，值得人们慢慢品味；一段陈旧的往事，值得人们淡淡回忆；一个美丽的传说，值得人们默默流泪；一部感人的电视剧，一句温暖的语言，一把风雨中的伞……这一切的一切，都是人生中不可缺少的，还有一样，是既离不开但又不曾真正拥有过的东西，那便是音乐。

有人说，王菲的声音是天使般干净、清新的声音；有人说，有一种音乐叫王菲；还有人说，王菲是二十几年来华语乐坛唯一真正有实力的歌手……关于王菲和音乐，有太多的故事，也有太多的传奇。

1996年，王菲以《浮躁》颠覆了港台流行音乐的一贯模式，展现了极富创意的另类曲风，那是她至今最受好评的专辑之一，也是她在音乐领域上的一个里程碑。后来，《流年》《棋子》《旋木》《但愿人长久》《传奇》等一首首人们张口即来的经典歌曲，逐渐奠定了她在歌坛上不可动摇的地位，使她在歌迷心中成了雪山上深居的仙女，可望而不可及。在音乐的世界里，我们感受到了她的真实、她的勇敢，以及她的出尘脱俗。

王菲长得并不算漂亮，但她无可动摇的亚洲天后的头衔，是一百个香港小姐都无法超越的。很多人爱王菲，是因为她的天籁之音。也许，王菲注定是为音乐而生的，她的一生，注定要与音乐融合在一起。

成就王菲传奇一生的，是音乐。在这个世界上，女人天生离不开音乐，只要在厨房、书房、阳台等有女人的地方，就一定有音乐的痕迹。女人和音乐，是一对亲密无间的恋人，失去了音乐，女人如同失去了自己心灵深处最重要的那个人。

现代人忙碌的生活、压抑的情感，需要一种寄托，而音乐，就是这种寄托最好的载体。忙碌了一天之后，女人打开轻

缓的音乐，一面在厨房做饭，一面随着音乐轻轻吟唱，这是多么惬意的一种生活啊！

一直很羡慕古代的女子，可以优雅地对着清风明月抚琴，用琴声诉说自己的情怀，那曾是月光下最美的景致。会演奏乐器的女人即使长得不美，也会给人一种别样的感觉，让人觉得她很有韵味。

爱音乐的女人爱生活，音乐是她们生活中很重要的一部分。她们常常会莫名其妙地随着一段旋律伤感或者开心，因为她们把自己的感情融入了音乐当中。带着感情来歌唱，普通人也可以唱出自己的心声。

有气质的女人钟爱音乐，听音乐就像呼吸空气一样自然，不可缺少。如果把听音乐比喻成吃饭，正餐就应该是《图兰朵》，以卡拉丝或者波提切利演唱的歌剧片段做背景音乐；如果有酒那就要《蝴蝶夫人》——浓烈的味道像一杯苦艾酒，即使泪流满面，人们也心甘情愿去感受；饭后的甜点不妨来一点格里格的钢琴小品，轻柔抒情的琴键敲遍全身，在每一处都印上静谧的音符。一个有气质有情调的女人，懂得在音乐中享受生活，享受丰富多彩的人生。

失恋时，女人需要一首悲情的音乐来发泄内心的情绪；高兴时，女人全身兴奋的能量需要在一首欢快的音乐中得到释放；与恋人久别重逢时，女人可以以一首歌曲表达自己的相思之情；与客户谈生意时，舒缓轻快的音乐可以在女人事业的锦

上增添一朵美丽的花。

爱音乐的女人，灵魂被幽幽的短笛招了来，多愁善感。男人多愁善感有点神经质，怪怪的，但女人则是天经地义。这种多愁善感是真实的，她掉下的泪是实在的，总能够感人。我们不喜欢拿眼泪当家常便饭的女人，但情到深处的真情流露，能让我们看到女人或浪漫或脆弱的心思，真真切切感受到一个女人真实的内心世界。

爱音乐的女人是美好的，懂音乐的女人是有内涵的，当你闭上眼睛用心灵聆听那美妙的旋律时，你的感情会跟着节奏起舞，你的灵魂会在跳跃的音符里与歌者交汇。女人可以为音乐发狂、发疯，不能想象，失去了音乐，女人的人生将会变成怎样。

最是迷人那抹“香”

据说好莱坞影星玛丽莲·梦露生前最爱用的就是“香奈儿5号香水”，并且晚上会穿着它入睡。从古至今，女人一直和“香”联系在一起。古代的女子常常在衣服上挂一个香袋，让迷人的芬芳萦绕在空气中。而到了近代，香水问世以后，它成了时尚界的宠儿，更成为许多女人化妆台上必不可少的一件物品。

女人与香水的关系就像男人和酒一样，无论是演艺界的性感女明星，还是文学界的泰斗，只要是女性，就逃脱不了香水的诱惑。作为一个现代女性，你可以少化一点妆，尽量保持自然的本色；你可以少买一支口红，不去刻意追赶幻艳缤纷的潮流，但是你不能没有一瓶香水，不让自己沉浸在和谐舒缓的清新氛围中。

《红楼梦》里宝钗有“冷香丸”，黛玉会“意绵绵静日玉生香”，而在脂粉堆里长大的宝玉，也沾上了几分香泽，他痴痴地说：“女人是水做的骨肉。”大师金庸笔下那个小混混韦小宝，凑近女孩儿时，时常会说：“香一香。”保罗·伯恩自杀时，将他的情人好莱坞明星琼·哈洛最喜欢的娇兰香水浇在自己身上，诀别信中只写着“我爱你”……

香水，让女人将所有的娇羞、畏惧、骄傲、向往都锁进或清淡或浓艳或妩媚的香水芬芳之中，匆匆经过和稍作停留的人都能感受到她想要表达和难以道出的一切。一个女子，在一个月白风清的夜晚，让一阵香气围绕自己，霎时便有了一份静谧的心情……仅一滴而已，就可以让女人变得千娇百媚、深情满怀……

现在，越来越多的女性开始懂得利用香水来展现个性的魅力。单一花香味的香水，宜呈现清纯女性的气质；浓郁的东方情调的香水，最适合性感成熟的女性。迪奥香水公司总裁马瑞斯·罗杰所说：“香气并不仅仅是一种嗅觉体验，香水一如

艺术品，有一份情感和渴望包含在其中，它代表着使用者的个性。”

一滴香水，能把女人从灰姑娘变成公主，让女人瞬间流露出迷人的魅力。女人的美丽及优雅，可以借着曼妙的香气暗暗传送。聪明的女性，在每一种场合，都能恰如其分地利用香味凸显自我的风格，让自己精心挑选的香气自然展现卓越的品味，流露着无限优雅的气质。

许多时候，我们可能会忘了爱过的人，但爱人身上那抹淡淡的香，则一直固执地留在记忆中，直到一个不经意的时刻，被意外地唤醒，才知道一切都已经离我们远去。历史上著名的“香妃”，就是因为身上有种与生俱来的独特香味而获得了大清朝乾隆皇帝的宠幸。杨贵妃经常用玫瑰花洗浴，并且采集清晨花瓣上的露水洒在自己的身上，这让她一直香艳动人，成就了一段佳话，也给后人留下了无数的想象。

香水的特别之处还在于它可以唤起人们对美好过去的回忆，对各种情感最美妙的体验；香水的美妙，并不一定存在于此时此刻，当一种神秘而缠绵的香味飘来时，你可能会突然想起某时某刻曾经发生的难忘故事。香水就像电影里的背景音乐一样，能烘托电影的震撼效果，也能呼应着人的心情，承载人类心底最真的记忆。

美貌是女人的通行证，既可通往天堂，也可通往地狱。但没有女人因为害怕下地狱而情愿选择丑陋，香水就是女人实现

这种欲望的选择。女人一定要用香水为姿态加分，因为醉人的香味并不比华丽的服饰逊色，还能衬托出优雅的女性美，让人感到无限的欢愉。若是你把喜欢的香味轻洒在身上，你就会沉醉在愉悦的气氛之中，迷人的魅力自然就会从内心散发出来。

香奈儿曾经说过：“不用香水的女人没有将来。”香气也可以作为一种强大的武器，如果善加利用，不仅能增加女人的魅力指数，还会为女人带来一个美好的前途。香水，能让女人变得更优雅、更可爱，能带来快乐的恋情、事业的转机。无论什么时候，都要让淡淡的芳香留在你的身上，使自己成为一个有自信、有前途的魅力女人。

女人可以不漂亮，但不可以不美丽，生为女人，没有谁可以气馁，更不能轻言放弃，美是我们作为女人一生的使命，因此，女人对香水永远不能说不。在你要与别人见面之时，就让香味来塑造你的形象吧！当对方再度闻到属于你的香味时，即使你并不在场，他的脑海里也会浮现你的身影。

品酒品茶品人生

古罗马时期，凯撒大帝为讨取埃及艳后克里奥·帕特拉的欢心，下令向全国征集上乘葡萄美酒。在元老院里受命的拿戈卢将军，奉命来到亚奎丹省的首邑某贵族的葡萄庄园里收贡，巧遇庄园主的女儿艾米莉，对其一见钟情。

没过几天，将军回去复命，临行前与艾米莉相誓永远相爱。三个月后，凯撒遇刺身亡，拿戈卢对政治绝望，毅然抛弃爵位，前往艾米莉的庄园。然而，当他回到庄园时，竟被告知艾米莉因相思成疾已花落人逝了。按照艾米莉的遗嘱，她被安葬在葡萄园中她第一眼看到拿戈卢的地方。

拿戈卢悲痛欲绝，在艾米莉的坟边盖了一个小木屋，决定终身守护艾米莉。两年后，在艾米莉的坟边，长出了一株葡萄树，用它的葡萄酿出的酒酸涩有度、温婉缠绵，拿戈卢相信这是艾米莉爱的化身。

后来，虽然他的酒被贵族争相收藏，且为他赢得了不少荣耀，但他说他的酒只为爱而生，只有与爱有缘的人才能喝到，且不论贫富贵贱。

一般人都认为，品酒只是男人的事，而女人则经常被告诫不可以喝酒。其实，对于女人来说，约上三五好友，点一瓶上好的红酒小酌两杯，同样是人生的一件快事。谁说女人没有愁，酒同样可以承载女人所有的心事，在一品一咂中让女人忘掉所有的不快，勇敢地面对现实。

女人面对酒的最高境界，不是喝而是品，是让酒“陪”在自己身边，细品慢酌，舒展心绪。酒吧一角斜打过来的灯影里，一曲萨克斯低诉轻扬，滋润心扉。杯底的一弯暗红，可以品一晚上，化解红颜的忧愁，舒展女性的妩媚，醉了酒吧所有

的人，唯独清醒了自己。

男人对喝酒的女人总有一点异样的感觉，有点喜欢又有点怕。关于女人与酒，有三句经典话语：一般的女人不喝酒，女人不喝一般的酒，喝酒的女人不一般。而喝酒的女人能够在酒精作用中把握自己，体现一种让男人惊悸的韧性，一种不求别人、勇于抗争的傲气。

相对于酒对女人的限制，茶可谓是许多女人的最爱，常饮不但有利于健康，还可以美容瘦身。上班的时候，给自己泡一杯淡淡的绿茶，既能保持一天的好精神，还可以抵抗电脑辐射。休息的时候沏上一壶花茶，鲜艳欲滴的花瓣在水里尽情地舒展，光是看着就让我们的心情不知不觉地变得好起来。秋天的时候炖一壶水果茶，酸酸甜甜的味道不仅让我们唇齿留香，还让我们的皮肤水水嫩嫩的。下雪天，为自己沏一杯清香扑鼻的红茶，暖暖的颜色和味道可以让我们暂时忘了天气的寒冷。

女人就像茶，不同的女人亦属不同的茶种。碧螺春是水乡碧玉，西湖龙井则为大家闺秀，祁门香如同西洋女子，乌龙茶则譬如武林巾帼。大文豪苏东坡有一首著名的咏茶诗《次韵曹辅寄壑源试焙新茶》：“仙山灵草湿行云，洗遍香肌粉未匀。明月来投玉川子，清风吹破武林春。要知冰雪心肠好，不是膏油首面新。戏作小诗君一笑，从来佳茗似佳人。”此诗将佳茗比喻为佳人，可遇而不可求，可谓将品茶的境界推向了极致。

茶越喝越淡，就像女人的感情一样，可能会随时间而越来越淡；但是，用来泡茶水的紫砂壶里的茶香，会越来越浓……所以，当一切都淡去以后，留在女人心底的印记却越来越深。女人的感情就像茶，看似雁过无痕，其实早已被深深埋藏于心底。

女人品茶，似乎比品酒更能令人接受，《红楼梦》里的妙玉将女人品茶推到极致，对她来说，单单品茶用的水就有很多学问。她用的水采于冬天梅花之上的雪，再用青花瓷瓮埋于背阴之处的地下，一直到夏日才取之泡茶。在她看来，品茶是最重要的一件事，是生命的一个部分。

对于妙玉泡茶复杂而烦琐的过程，我们不可能仿效，但是，喝茶的一些讲究，还是被大多数人认同的，尤其是女性朋友。闲暇之时，独坐茶楼一隅，欣赏着楼外的美景，品着杯中的香茗，闻一闻，淡淡的清香扑鼻而到，饮一口，微微的苦涩瞬间布满整个舌尖，入喉，甘美随之而到，心境便在这苦尽甘来中趋于宁静。

一个女人若会品茶，自然对生活有感悟；对生活有感悟，自然对情感真诚；对情感真诚，自然对事业热爱；对事业热爱者，自然对人格有恪守。正如茶圣陆羽在《茶经》中所言："懂茶之人必精行俭德之人。"通过品茶，女人能感悟到人生真谛，一生受用无穷。

一个在酒吧里品酒或在茶馆里品茶的女人，总能轻易地吸

引他人的目光，给人一种与众不同的感觉，只要你仔细观察，就能把这个女人看得更清楚、更彻底。伴着酒吧或茶馆里灯光的照射，周围忽明忽暗的环境，女人浑身都散发着一种神秘、迷人的气息，令人回味无穷、无限向往。

情趣，女人魅力的修炼秘诀

女人年轻时，容貌是最引人注目的，至人到中年，最吸引人的便是情趣了。一个有文化、有修养、有情趣的女性，其魅力可保持终生。情趣是女人优雅与格调的来源，代表着兴致、志趣、情调和趣味，它是让生活简单快乐的法宝，可以让生命更优雅、更鲜活自在。漂亮是女人的外壳，而情趣则是女人的灵魂。高雅的情趣更能体现女人的漂亮与妩媚，使女人变得万种风情、千娇百媚。

一般说来，每个人都有自己的生活情趣。良好的生活情趣可以助人放松紧张的情绪，驱走身心的疲惫，享受生活的美好，陶冶高尚的情操，甚至可以提升人格魅力。

男人并不苛求女人在各个领域都能与自己并驾齐驱，他们渴望的是有相同或接近的生命力和情趣。因此，如果“男性的情趣世界”里出现几位女性，她们就会显得尤为珍贵。在鱼市上与丈夫和孩子一起看热带鱼的妻子，足球看台上“万绿丛中

一点红”的女性，都会因为富有情趣而得到男人更多的青睐。

清朝蒋坦的妻子秋芙就是一个十分富有情趣的女子。屋梁上的燕巢忽然倾倒了，燕子掉到地上，秋芙害怕小燕子被狗儿叼走，便急忙将小燕子送回巢中，并加固燕巢以防再次出现此事。

一场秋雨将院子里的芭蕉打得残缺不堪，蒋坦看到之后，在芭蕉叶上题字，“是谁多事种芭蕉，早也潇潇，晚也潇潇。”秋芙看后，在芭蕉叶上回复，“是君心事太无聊，种了芭蕉，又怨芭蕉。”

秋芙的琴艺不错，可棋艺很烂，但是她自己恰恰比较看重自己的棋艺，从不服软。秋芙和蒋坦下棋输光了之后，还要最后一搏，下了数十手之后，败绩渐显。秋芙把怀里的小狗放到棋盘上，搅乱棋局。蒋坦大笑，秋芙也红着脸跟着笑。

秋芙未必比闻名遐迩的女诗人更有才华，但她明显更有趣。与这样一位奇女子生活在一起，难怪蒋坦对她疼爱有加。女人要让自己更有魅力，就应该变得更有情趣，让生活更加丰富多彩，让自己更加俏皮可爱。

一个女人处处精致固然难得，但在男人眼中总是少了那么一点点情趣。其实女人完全可以不必活得那么累，偶尔丢三落四，或者耍个赖，和男人玩些小心眼，只要不违反大的原则，都会令女人凭添不少魅力。情趣是制造出来的，只要我们怀着一颗热爱生活的心，就会发现生活中处处趣味盎然。

如果爱人和你在一起的时候大喊无聊，那你就该小心了。两个人在一起，追求的是就是一份自在和欢愉，如果你不能带给他这种心灵上的享受，那他就很有可能去其他女人身上寻求慰藉。情趣是女人魅力的法宝，可以让女人在青春凋零之后仍具有令人回味无穷的魅力。要留住男人的心，情趣是必不可少的法宝。

有情趣的女人，通常兴趣广泛，或者痴迷于收藏，或者醉心于书画世界，或者对美食充满了兴趣。总之，她们总有自己独特的爱好，并且将这种爱好发挥到极致。有情趣的女人情感有所寄托，自然不会整天没事找事，而对兴趣的投入让她们看起来更有一种别样的味道。

今天，人们的审美情趣在提高，娱乐方式在增多。书法、美术、摄影、舞蹈、垂钓、集邮、健身、收藏等，五光十色的富有情趣的文化娱乐活动为生活增添了无穷乐趣，也陶冶着人的情操，每个人都不难从中找到属于自己的情趣。

有情趣的女人会将自己的生活打理得有声有色，她绝不会不修边幅，邋遢地出现在男人面前，更不会把家里搞得乱七八糟，让男人找不到坐的地方。她总是会花心思把自己身边的环境收拾得舒舒服服，空气中不管什么时候都弥漫着一股淡淡的香味，卧室里则充满了浪漫的气息，让男人陷入她情趣的包围中无法自拔。

有情趣的女人偶尔也会任性，发点小脾气，毕竟太顺、

太安静了也会让人乏味。但是事情过后她不会太计较发生过的事，也不会把过去发生的一些不愉快翻出来数落。有情趣的女人只会是情趣生活的创新者而绝不是陈年老账的收藏者。

女人的情趣涉及的内容非常多，大到为人处世，小到穿衣打扮、居家美食，都可以看出一个女人的情趣。有情趣的女人是精致的，但绝不一板一眼地让人乏味，而是时时处处活色生香，让跟她在一起的每一刻都充满了令人愉悦的味道。

情趣是女人精美的包装，也许你并不漂亮，但是你可以具有幽雅的气质、迷人的仪态、高雅的谈吐和充实的生活，就如一盅醇香的酒、一盏清香的茶，品尝过后会留下令人回味无穷的芳香。一杯热茶、一句温情的问候、一个深情的香吻、一个热烈的拥抱，都可以让生活更有情趣，让女人更具魅力。女人，不一定要漂亮，但一定要有情趣。

第 7 章　品位女人，注重细节

真正的品位，体现在细节之处，真正完美的女人，往往是注重细节的女人。一个有品位的女人，不需要特意夸张地装扮自己，也不需要华美的装束衬托自己，而是从细微处入手，打造完美的自己，即使是火眼金睛也看不出一丝败笔。在很大程度上，细节能够成就一个品位女人，也能让女人为形象所做的所有努力在顷刻间化为乌有。

女人话越少，吸引力越足

牛伯伯在山坡上盖了一座房子，生活得很开心。一窝麻雀在牛伯伯的屋檐下筑了窝，养了一群小麻雀。牛伯伯养了一只大公鸡，红红的冠子，长长的尾巴，很漂亮。

这天，麻雀和公鸡在院子里吵起来了，麻雀说："话说得多好！"公鸡说："依我看，还是说话少有好处，不信，我们找牛伯伯评理吧！"

中午，麻雀在牛伯伯的窗户外嘁嘁喳喳地叫着。牛伯伯说："真烦人，你们就会吵，害得我午觉睡不好。"第二天早上，太阳还没升起来，公鸡咯咯地叫了起来。牛伯伯听见鸡叫便起床，又挑水又扫院子，忙了起来。牛伯伯对公鸡说："感谢你叫我起床！你的话虽然不多，但很有用！”

有时候，话多了会招人烦，而少说话才是别人真正需要的。当你的话过多的时候，别人就会有不舒服的感觉，也就自然而然开始讨厌你了。要做一个招人喜欢的人，就要在适当的时候学会安静，做一个话少的人。

有个嘴笨的男人，娶了一个伶牙俐齿的女人。男人本来很有涵养，却被老婆语言的利剑逼得发了疯似地把拳头挥向玻璃，结果玻璃碎了，他的手也破了。女人目瞪口呆地看着他血流如注，终于把嘴闭上了。可见，语言有时也是一把刀子。

一位记者在采访著名男歌唱家腾格尔时，问：“你最喜欢女性身上的什么品质？”腾格尔回答：“事儿少、清净。”对男人而言，话少的女人有一种特殊的魅力，可以勾起男人想要了解她的欲望。可以说，女人话少，也是一种智慧。

一个能安静地站在一旁的女人，就像一支含苞欲放的花朵，给人一种舒服、无限向往的感觉。这样的女人像磁石，散发着一种属于女性特有的安静的魅力，能够深深吸引周围男士的目光。

白静大概是公司里话最少的女人了，她不像其他的女人一样热衷于八卦新闻，每次别人说得天花乱坠的时候，她就只是在一旁默默地听着。在女同事看来，她是一个很无趣的人。可是，这样的白静，却是公司里许多男士争相追逐的对象，大家都为了追求她煞费苦心。

很多人都不明白，白静长得并不漂亮，为什么可以吸引这么多男士的目光？一位苦苦追求了白静三年的同事说：“我就喜欢她安静的样子，当她一个人的时候，感觉她就是个天使。”

原来，话少的女人这么有魅力啊！

如果沉默是金，那么女人的沉默就是铂金。像王菲那样知道自己嘴笨就不说的是真实的女子，像林青霞、邓丽君那样淡然少语的是大气的女子。女人的智慧、气度、心胸，总能在她安静时可窥一斑。

一个话少的女人，不会在别人说话的时候喋喋不休，她会在一旁默默地倾听，用一双聪慧的眼睛看透别人的烦恼，用一双善于倾听的耳朵听懂他人所有的辛酸。她给人说话的机会，给人一份安静、一种自由、一片心灵的净土。

一个话少的女人，总是清楚地知道人生有很多事情要做，不会把自己有限的时间浪费在无聊的事情上。她们会用更多的时间读书，用知识充实自己；她们会花更多的时间与亲人相处；她们知道如何才能把自己的人生演绎得淋漓尽致。

一个话少的女人，从不轻易透露自己，所以她知道别人的事，但别人几乎对她一无所知。她就像一个谜，浑身散发着神秘的气息，让人忍不住要去注意，忍不住要去探究。女人的神秘感，像迷药，能把人迷得神魂颠倒、忘乎所以。

当一个喜欢安静的男人和一个话多的女人碰在一起的时

候，世界就开始大乱了。男人会想，这个女人怎么这么烦人啊，为什么就不能安静点呢？女人会想，自己到底哪里不好，怎么不能引起他丝毫的注意？其实，这女人未必不好，也许，只要她闭上嘴巴，男人就会发现她的好，就有想有进一步与她交往的欲望。

女人要想得到幸福，就必须懂得什么时候闭嘴。话说多了总会有错的时候，错了就要出问题的；而少说一些话，在给人一片宁静的同时，也会为自己赢得一点尊敬。优秀的女人都知道，沉默是智慧的极致，少说一点话，你会更具吸引力。

直来直去不是魅力

从前有一个爱说大实话的人，什么事他都照实说，所以他不管到哪里总是被人赶走。慢慢地，他变得一贫如洗，无处栖身。最后，他到了一座修道院，指望着能被收容。修道院长见到他，问明原因以后，认为应该尊重那些“热爱真理，说实话”的人，于是把他留在修道院里安顿下来。

修道院里有几头牲口已经不中用了，修道院长想把它们卖掉，可是他不敢派手下的人到集市去，怕他们把卖牲口的钱私藏腰包。于是，院长叫这个人把两头驴和一头骡子牵到集市上去卖。

当有人有意要买这些牲口的时候，这人总是老老实实地说：“尾巴断了的这头驴很懒，喜欢躺在稀泥里，有一次，长工们把它从泥里拽起来，一用劲，拽断了尾巴。这头驴特别倔，一步路也不想走，他们就抽他，因为抽得太多，毛都秃了。这头骡子呢，是又老又瘸，如果干得了活儿，修道院长干嘛把它卖掉啊？”

买主们听了这些话都走了，直到晚上，这个人一头牲口也没有卖出去。于是，这人又把它们赶回了修道院。院长问是怎么回事，这个人将他在集市上的话说了一遍。

修道院长发着火对这人说：“朋友，那些把你赶走的人是对的，确实不应该留你这样的人在身边。我虽然喜欢说实话，可是我并不喜欢那些和我的腰包作对的实话。所以，老兄，你走吧，你爱上哪儿就上哪儿去吧！”就这样，这个人又被赶走了。

诚实固然是一个优点，但太过于直来直去就变成缺点了。每个人都喜欢别人把自己往好里说，但有些直来直去的女人不懂得圆滑、不知道委婉，常常人家越不爱听什么就越爱说什么，影响了人家赚钱，耽误了人家办事，弄得人家不高兴，最后伤人也伤了自己。

直来直去的女人，有时候说的话真能气死人。你问她自己新买的衣服好不好看，她说你太胖该减肥了；你约她一起吃个饭，她说和你吃饭没意思；你让她对自己的工作提一点意见，

她把你批了个一无是处，好像你没有任何可取之处；你说自己挣钱少不够花，她说你真没本事。这样的女人，你敢和她交朋友吗？你会觉得她有魅力吗？

当别人问："你是喜欢直来直去的人，还是喜欢圆滑的人？"大多数人都会毫不犹豫地说自己喜欢直来直去的人，但是，当一个人真的对你说话过于诚实时，相信到时候你又会不乐意了。本质上，人是不喜欢被人批评的，即使知道你是善意的，心里也会很不舒服。所以，要想做个招人喜欢、惹人怜爱的女性，直来直去绝对是大忌。

英国思想家培根说过："交谈时的含蓄与得体，比口若悬河更可贵。"做人固然要正直、直率，但这并不意味着说话也可以直言不讳，以至于过于唐突或者惹人反感。比如，你家楼上新来了一位音乐家，这位音乐家经常练琴到深夜，影响了你的休息。这时候，你可以告诉他，这楼板的隔音效果很差，对方听了当然能领会你的用意。一个有魅力的女人，深谙说话的艺术，不会因为直来直去而招人厌烦。

那些直来直去的人有时会很委屈地说："我只是实话实说而已，要不就是骗人了。"其实，在一些小事上根本就不存在骗与不骗的问题，更何况，有时候善意的谎言是必须的，太过老实反而会伤了对方。

女人说话要委婉，直来直去惹麻烦；女人说话要谨慎，祸从口出悔死人；女人要会巧说话，办起事来不费劲。不要以

为直来直去就是魅力，在很多时候，它是伤透人心的刽子手，是女人真正的可恨之处。

漂亮的背部为女人增添姿色

林月和男友已经冷战一个多月了，思念渐渐爬满她的心头，她现在该怎么办呢？要自己在男友面前低头，不可能，高傲的林月从来不干这样的事；可不低头的话，又怎样让男朋友主动和自己和好呢？林月想来想去，终于想到了一个好办法。

这天，林月穿了一件超性感的衣服来到男友公司门口。这件衣服将林月完美的背完全暴露了出来，顿时吸引了众多男士的目光。

男友从公司出来的时候，看到的是一群男人火热的眼神。这时候，管它是不是冷战，男友急忙把林月拉到一个角落里。

“我说过不准你把背露出来的。”男友气坏了，急忙宣布了自己的“所有权”。

“我穿成怎样是我的事，你管得着吗？”尽管心里很高兴，但林月可不准备服软。

男友很聪明，一听林月的话就知道她是故意气自己的。说实话，自己也十分喜欢林月，现在女友都来了，自己也应该适可而止了。况且，如果再不哄哄林月，估计她一会儿又要站在公司门口了，他可不想再看到刚才那一幕了。

“你还在生气啊？是我不对，原谅我好不好？”男友开始认错了。

“你说原谅就原谅啊，我哪有那么好说话？”林月还在假装生气。

“我保证以后再也不惹你生气了，要是再惹你生气，你就打我骂我好不好？”

“我不打你也不骂你，你要再欺负我，我就还像今天这样站在你们公司门口。”林月威胁道。

遇到这样一个女友，男友真的是没辙了，他知道，凭着林月那完美的背，只要站在大街上，准能将许多男人迷得神魂颠倒，看来，自己以后还真不能惹她生气了。

有人说“女人的背部是性感之丘”。对男人而言，背部是女人的撩人之处，当一位雍容华贵、身穿露背晚礼服的女人出现在眼前时，她性感诱人的背部必定会令男人万分着迷，有一种想去看的冲动。只可惜，那道诱人的风景被许多女人给遗忘了，她们不注意呵护自己的背部，或将自己迷人的背部在衣服里包裹得严严实实的，白白减去了一分魅力。

背影透露出女人无数的信息，往往令人生出许多遐想和美妙的感觉。有时候，走在大街上，男人压根儿没有见到你的脸，却会为你的背影而心动。拥有漂亮的背部，能吸引许多男士的目光，使自己成为受人瞩目的对象。

漂亮、性感的背部，从整体形象上来讲要直挺并富有曲线，既要有合适的肉感来展现你的丰满，也要有两片美丽的肩胛骨来凸显你的骨感。具体来讲，女人要秀出自己的美背，至少要具备以下三个重要的条件：

背部骨肉要匀称。背部肉太多、太宽容易给人“虎背熊腰”的感觉，而太瘦了脊椎骨就会露出来，显得瘦骨嶙峋，会被别人称为“白骨精”。完美的背部，骨肉一定要匀称，既不能太饱满，显得背部浑圆，也不可以太瘦。

背部皮肤一定要光滑细腻，有很好的光泽感，毛孔微细，绝不能有暗疮疤痕，也不能有太重的汗毛，这样才会给人以美感。

与臀部的比例一定要适当，既不能太宽又不能太窄，要能显出腰部的起伏和弯曲，同时线条要紧实优美，让人觉得像一件艺术品。

拥有一个完美的背部是许多女人的梦想，许多女人都在为了这个梦想不停地奋斗着。但性感迷人的背部需要长期的呵护，三天打鱼两天晒网的做法是行不通的。如果你寄希望于化妆那也是不可行的，普通的面孔用几分钟就能被化妆师变得年轻美丽，但没有任何一个化妆师能在几分钟内给予女人一个青春美丽的后背。

女人，要用漂亮的背部为自己增添姿色，要用性感的背部展现自己的美丽，就不能做懒女人，要做一个时时刻刻为自己的背部着想的勤劳女生。那女人如何才能修炼出完美无瑕的背部呢？

1. 起床后，伸个懒腰

早上醒来之后，不要急着下床，先像小猫一样惬意地伸个懒腰，双臂尽量往上举往后拉，振振臂、仰仰头，让上半身的血液循环得到充分的改善。也可以趴在床上，用力地拱拱腰，让腰背的肌肉尽量得到伸展。长此以往，我们的背部会变得非常紧实。

2. 勤做家务，背部肌肉更匀称

做家务既可以锻炼身体，还有很好的美背功效。比如，我们在晾晒衣服时，尽量将手臂伸直，然后将脚跟抬起，腰背部的肌肉便会得到很大的伸展；而拖地板时，不断地变换姿势，两侧互相交换着拖，可以使身体两侧到肩背的肌肉同时得到锻炼，肌肉线条将会变得更加对称均匀。

3. 在办公室随时做个扩胸操，既美胸又美背

长时间在椅子上坐着，脂肪会逐渐堆积在腰腹及背部，破坏我们背部的美感，使身体的曲线变得很糟糕。如果上班时觉得肩背酸痛，不妨坐在椅子上身体尽量向后仰，或者伸直胳膊做个扩胸操，这样不但能令背部不再紧绷酸痛，消除肌肉疲劳，还能美胸美背。

修炼纤纤细腰，尽显阴柔女性美

对男人而言，女人的相貌和身材，在最初似乎远比她的智慧和才能更有吸引力。女人身上哪个部位最吸引男人的眼球？当然是令他们神魂颠倒的腰部。很多女性为了拥有美腰不惜节食，甚至一掷千金，在她们看来，有了纤纤细腰，就能吸引男士的眼球，就能将自己的阴柔美发挥到极致。

在舞池中，女人的纤纤细腰被男人有力地一搂，吸引就诞生在那瞬间的几秒钟。不难想见纵然是容颜再俏丽的女子，如果上下一般粗细，估计她的美也要大打折扣。美丽的腰身对于全身的作用就犹如善睐的眼眸一般，从来都是点睛之笔。

从前，楚灵王喜欢有纤细腰身的人，他身边的妃嫔和臣子们唯恐自己腰肥体胖不招灵王喜欢，因此不敢多吃饭，把一日三餐减为一餐；每天起床整装，先屏住呼吸，把腰带束紧，然后扶着墙壁站起来……后世所谓“楚王好细腰，宫中多饿死”，说的正是这个故事。

汉成帝刘骜最宠幸的皇后赵飞燕，舞姿轻盈如燕飞凤舞，故人们称其为“飞燕”。《赵飞燕别传》中有这样的描述：“赵后腰骨尤纤细，善踽步行，若人手执花枝颤颤然，他人莫可学也。”赵飞燕的纤纤细腰，将她的舞姿和美貌发挥到了极致，据说，每当汉成帝搂着赵飞燕的细腰时，对她的怜爱就会不由地增加几分。

关于女性身体各个部位在文学作品中的“曝光率”，美国得克萨斯大学和哈佛大学的科学家曾做过一项有趣的调查。他们对近三个世纪的英语文学和近两千年的亚洲古典文学作品进行了全面的检索，最后惊奇地发现，无论是在哪个国家，还是历史处于哪个时期，女人的杨柳细腰从来都是被人们大肆赞美的身体部位，“曝光率”高居榜首。可见纤纤细腰对女人来说有多么重要。

“纤纤细腰，风情万种；曼妙腰身，婀娜多姿。”宛如小提琴轮廓的腰部曲线，是女人性感的中心，从任何角度来看，都有着不可思议的曲线美，它能给男人以一把拥住的激情和深陷其中的诱惑。优美的腰要粗细适中，长短得当，如此才能体现女性身材的黄金比例；而柔韧灵活、圆润紧致的腰线，则是女性柔美的象征。女性的阴柔之美，尽在纤纤细腰的轻轻摇摆当中。

傲人的身姿，是女孩子永远追求的目标。纤纤细腰，令无数英雄竞折腰。那么，如何让自己也拥有性感的小蛮腰?

1. 饮食习惯要注意

要想接近“楚腰纤细掌中轻”的状态的话，饮食时的取舍其实很重要。最佳的饮料是水，水不含卡路里，容易让人产生饱胀感，有助于控制饮食。而且饮凉水时，要用肠胃来暖凉水，这可以帮助燃烧体内的卡路里。最佳的食品是豆类和浆果类，高纤维的食品不仅可以使人感到饱胀，还能帮助控制饮

食，同时也可以防止便秘，使腹部不至显得过大。

2. 美腰在于运动

对于女人来讲，最好的瘦腰运动当然是瑜伽。在瑜伽不断伸展与收紧的体式中，腰部肌肉处于紧张状态，这种状态可以很好地使腰部得到锻炼，有效地去除腰部赘肉。

其实，上班族的女性也可以利用上班休息的时间，在忙里偷闲中做这些瘦腰瑜伽，做完之后，疲劳会被身体的舒畅与轻松代替，何乐而不为呢？

3. 从着装修饰腰身

穿衣要扬长避短，如肩颈曲线优美的女孩子可大胆穿吊带衫，反之，则不要轻易尝试露脐装；注意颜色搭配，同色系服饰能起到拉长身体的效果；巧用装饰物，用耳环、丝巾、墨镜等把别人的注意力分散到你身体的其他部位；高跟鞋能让肢体挺拔、延伸腿部，使人走起路来婀娜多姿，造成腰部纤细的效果。

第8章　从最简单入手，做精致女人

精致的女人，拥一份从容、自信，执一份淡泊、清明，掬一腔似水柔情。这种女人，是女人的榜样，是男人梦中的情人。但精致不是上流社会女性的专利，不是普通少女可望而不及的水中月、镜中花，即使没有名牌护肤品的呵护、高档餐厅的出入、诱惑香水的气息，只要有心，女人也可以简简单单做到精致。

多给膝关节加点“润滑油”

在生活中，很多女性朋友在走路的时候，常常会感觉一边腿的膝关节酸软无力，尤其在上楼的时候表现得最为明显，刚上了两层，就觉得腿酸得走不动了，骨头里面还喀喀作响，坐久了突然站起来也会出现这种情况，或者双腿酸麻不堪，失去知觉，走不了路，或者膝关节部位非常疼痛。

出现这种情况以后，很多人都认为是缺钙、营养不良的症状，更有些人认为不妨碍正常的活动，根本不当一回事。其实，出现这种情况，很有可能是我们患了髌骨软化症。一旦患上髌骨软化症，如果在早期不加以治疗和控制，将会引起进一步的病变。

在人体所有的关节中，膝关节任务最为繁重，而且营养又往往跟不上，所以导致膝关节劳损和运动伤发病率居高不下。有人甚至“恐怖”地说，我们的膝关节只有15年左右的“好光阴”，其它的时间里，它都会因为各种各样的原因而出现不同类型的疼痛。

第一阶段：在15岁之前，我们的膝关节还处于发育阶段，痛多发生在膝关节周围。

第二阶段：在15岁到30岁之间，我们的膝关节处于状态最好的阶段，运动起来简直不知疲倦。只要小心一点，别损害到膝关节组织，根本都感受不到它的存在。

第三阶段：在30岁到40岁，由于运动频繁，髌骨软骨产生了早期轻度磨损，会出现短期的膝关节酸痛，一般持续几个星期到几个月，有的人可能还觉察不到。从这个时候开始，女性就一定要注意爱护自己的膝关节了，对它的使用再不能随心所欲了。

第四阶段：在40岁到50岁之间，膝关节会变得极度地脆弱，尤其是在走远路或者上楼下楼之后，膝关节内侧很容易出现酸痛，用手轻揉之后症状会有所缓解，但一定要注意保护，否则病情会加重。

人体关节就好比是精密机械的轴承，使用几十年后，会发生老化，往关节内加些“润滑油”，会让关节活动得更灵活，让腿脚迈动得更有力。保护好自己的膝盖，女性才能有一双矫健的双腿助自己走向大江南北、走过千山万水。要使膝盖得到最好的呵护，就要先了解自己膝盖的状况。

平躺于床上，用手的虎口对准膝盖上延，抖住，保证膝盖不能前后移动，然后大腿用力，如果感觉到明显疼痛就是膝盖内软组织损伤了，如果疼痛剧烈，就是软组织老化了。根据自己膝盖的实际情况，女性朋友可以有针对性地加以预防或治疗，让膝盖时刻处于最佳状态。

要保护好膝盖，就要在适当的时候给它加点“润滑油”，让它时刻都能正常运转。那女性如何给自己的膝盖加“油”，才能延长膝盖的健康周期呢？下面是一些保护膝关节的方法。

1. 培养健康的生活习惯

很多女性喜欢一年四季穿裙子，不管是在寒冷的天气，还是在冷气房里，都一身清凉打扮，显得“美丽冻人”。长此以往，造成腿部血液循环不畅，经常腿疼或者腿酸。还有些女性喜欢一年四季穿高跟鞋，脚掌始终处于前倾的状态，膝关节一天到晚都强拉着，加快了韧带的老化，不知不觉伤害了膝关节。

其实，培养健康的习惯就是对膝关节最大的爱护。喜欢穿高跟鞋的女性一天至少要换三次鞋，可以再准备一双平底鞋，在上下班途中穿着，或者在办公室里当足部感到很疲劳的时候换上穿。

2. 加强对膝关节的锻炼

如早上起来慢跑，或者做一做健身操，都可以有效地锻炼

我们的膝关节，加快膝盖周围脂肪的燃烧。不少女性就是由于长期缺乏锻炼，从而使脂肪积聚在膝盖部位，形成了赘肉，使本来线条优美的膝盖显得浑圆臃肿不堪，像一个馒头一样，不但有碍健康，还妨碍了我们的美丽。

鉴于游泳在女性美腿美膝方面立竿见影的效果，许多健身专家发出倡议，提议白领女性在工作之余多游泳，加强对自己膝关节的锻炼，以远离腿部疾病的侵害。在所有的游泳姿势中，蛙泳最为人所推崇，因为它的效果最为快速明显。

现在，大部分女性在年老时都遇到了腿脚不便的难题，这给她们的老年生活带来了很大的困扰。我们谁都不希望自己年老的时候连出门都需要有人搀扶。女人最大的美丽在于健康，一个腿脚不便的老人，生活只是负担，没有精彩。现在就给你的膝关节加点“润滑油”，你会从中受益，使自己的老年生活更具尊严、更具魅力。

想当美女别趴着睡

每个人都想当美女，都希望自己的容貌能够得到他人的赞美。为了美丽，女人可以付出任何代价，所以，她们总是乐此不疲地谈论着各种美容秘方；所以，即使每月在美容院的消费可以花掉她们一半的工资，女人的身影还是会频频出现在那里。

众所周知，睡眠是美女必不可少的一剂补药，保持良好的睡眠，可以使你轻而易举地做个睡美人。但是，你必须知道，如果睡姿不正确，你的美丽可能就会受到一些小小的威胁。

林爽是个典型的“睡眠美容”的倡导者，每天都会坚持8小时以上的睡眠时间。可是，这样的美容方法虽然有些效果，却不如身边的女生收到的效果明显，她认为这与个人体质有关系。后来，林爽向朋友抱怨自己体质不适合“睡眠美容”，朋友笑嘻嘻地说：“你是不是晚上睡觉习惯趴着睡啊？”

“是啊，你怎么知道？”林爽很吃惊地问道。

“你知不知道现在很流行‘想当美女千万别趴着睡’这句话啊？趴着睡觉是不利于美容的。”朋友有点受不了林爽的孤陋寡闻。

“那我是不是要改变一下睡觉姿势？可我一直都这样睡觉，换个姿势我会睡不着的。”林爽觉得换个姿势有点为难。

“为了美，你就坚持一下吧，以后习惯了就行了。”朋友劝道。

“那好吧。”为了做美女，林爽决定以后再不趴着睡了。

许多美容专家都把“绝对不趴着睡觉”当成非常重要的一条美容秘诀。化妆品的效果会因个体的差异受到不同程度的影响，长期使用还会产生依赖性，让美丽对女人而言变得可望而不可求。而不趴着睡觉既对我们的健康有利，还便于执行，只

要在睡觉的时候轻松地变换姿势，就可以远离皱纹的烦恼，因此值得大力提倡。

趴着睡觉会使身体的某些肌肉群、汗腺、皮肤处于紧张状态，使身体不能得到彻底放松，近而影响美容效果。而且，趴着睡觉会导致身体的某些部分血液循环受阻，神经传导受影响；对脸部的挤压会让你的脸部起皱纹等，这些统统都是女性美容的大敌。所以，女人想做美女的话，就千万不能趴着睡觉。

根据皮肤的工作规律，白天当我们忙的时候，它也在忙着排泄毛孔内的代谢废物，而当晚上10点至11点我们进入睡眠状态后，它则开始了一系列的保养修护工作，以保证我们的皮肤一直处于正常状态。所以，女人想要远离皮肤问题，一定要保证充足的睡眠，千万不要熬夜，要给皮肤足够的修护时间。同时，注意一下自己的睡姿，这样一来，即使不用化妆品，也不用担心脸上会出现皱纹。

最新研究成果表明，仰面睡觉是对美容最好的睡觉姿势。女人与其花费大量的时间和精力做美容祛皱、保养娇嫩的皮肤，倒不如听取美容专家的建议，保持正确的睡觉姿势，轻轻松松做个睡美人，让自己不知不觉变得年轻又漂亮。美容专家认为，当我们仰躺着睡觉时，面部肌肉是完全松弛的，不用担心任何挤压，而且，因为地心引力的作用，我们的皮肤会变得更光滑紧实。而侧着或趴着睡觉，会让面部皮肤受到挤压，皱

纹自然而然也就生成了。

人在仰面睡觉时，身体各个部位的器官处于彻底放松的状态，充分休息之后可使身体各美容器官更好地工作。此外，皮肤的营养靠血液循环供给，所以，凡是血液循环好的人，皮肤一般都会好，面部美容的手法就是促进脸部的血液循环。仰睡还是一种最没有压迫感的睡觉姿势，可促进血液循环，是健康的美容方式。

也许，你习惯趴着睡，认为那是你最舒服的睡觉姿势；也许，你不喜欢仰面睡觉，认为那会成为你安然入睡的障碍。可是，习惯成自然，睡觉也是一种习惯，当你习惯了仰面睡觉的时候，它就会成为你最舒服的一种睡觉姿势，也会成为使你容颜美丽的好朋友。不要还没有尝试就认为自己做不到。

在某些女人的眼里，恋爱与睡眠其实是十分相似的事情，都是“一种温暖而散漫的行为”。而对于女人而言，美容觉也是一个十分重要的保养过程。要想在睡觉中使自己的容颜得到最好的呵护，那就从现在开始，拒绝趴着睡的不良睡姿，修习高段位的美容觉，做个令王子神魂颠倒的睡美人吧。

脸部护理有妙招

早晨起来照镜子、毛孔粗大、雀斑，粉刺……看着自己

“千疮百孔”的脸，美好的心情立刻沉入谷底。女人天生是爱美的，为了能有一张迷倒众生的精致脸孔，她们不惜下血本在美容院一掷千金，为实现自己天使般脸庞的梦想不断努力着。

为了打造一张完美的脸，美容院确实能为你提供不少便利，可是，离开了那里后，你知道怎样保护自己的脸吗？你知道那些简单却蕴含着大学问的脸部护理妙招吗？

护理脸部肌肤，洗脸是第一步。我们天天都在洗脸，可绝大多数人都不得要领，甚至可以说不会洗脸。黑头和痘痘等皮肤问题除了与我们的内分泌有关，还跟洗脸不彻底有很大的关系。方法不正确，就算我们用再昂贵的化妆品，一样达不到清洁皮肤的作用，而且还可能会损伤皮肤，加剧皮肤老化的进程。那么，怎样洗脸才是正确的呢？

第一步：先把手彻底地洗干净，再用温水湿润脸部。洗脸水的水温非常重要，太凉了不能使毛孔充分张开，脸也就洗不干净；太热了又容易使皮肤的天然保湿油脂过分地丢失，使皮肤失去天然的保护屏障，容易受到外界环境的污染。

第二步：把洁面乳倒在手心，充分打起泡沫后，再在轻轻地在脸上打圈。如果洁面乳起泡不充分，不仅达不到清洁的效果，还会残留在毛孔里面，引起青春痘等皮肤问题。

第三步：轻轻用双手在脸上按摩15下。注意要轻轻地打圈按摩，让泡沫遍布整个面部，按摩的时候不要太过于用力，以免面部产生皱纹，损害我们的美丽。

第四步：用清水将洁面乳清洗干净之后，再用干净的毛巾轻轻地把脸上的水吸干。切忌像擦桌子一样在脸上用力地抹来抹去，正确的方法是把毛巾按在脸上，然后轻轻把水分吸干。

第五步：检查发际周围。清洗完毕之后，要对着镜子照一照，仔细地检查一下发际周围有没有残留的洁面乳。有些女性朋友发际周围经常长痘痘，其实这很可能就是没有冲洗干净的洁面乳造成的，所以，女性朋友千万不要忽略了这一步。

在清洁过后，必要的护肤水、营养水、爽肤水、收缩水以及膏霜类护肤品对于女性皮肤的保养也是非常必要的。它们对于平衡皮肤的酸碱度，收缩毛孔，补充皮肤的营养和水分，增加皮肤的抵抗力，减缓皮肤的色素沉着有着不可小看的作用。

护肤品的使用顺序由其成分的分子大小决定，分子越小的越先使用，顺序依次为水、精华液、凝胶、乳液、乳霜、霜状护肤品，然后才是油性护肤品。因为，越是偏向霜状的产品，其滋润度越高，会在肌肤外层形成一层保护膜。如果你先使用滋润度高的面霜，它会在肌肤表层先形成一层保护膜，后来使用的小分子精华液便无法渗透皮肤发挥功效。

法国著名的护肤专家伊芙·罗姆说：“彻底清洁皮肤，彻底地卸妆，绝对是美容的根本。”经历了一天的疲劳之后，女性的肌肤也应该像人体一样得到充足的休息，这时候，卸妆就是必不可少的环节。卸妆不是简单地洗洗脸就可以了，错误的卸妆步骤可能使化妆品残留，对皮肤造成伤害，还会造成二次

污染。那怎样卸妆才能更好的呵护肌肤呢?

第一步：先将睫毛膏卸除干净。睫毛膏是所有的妆容里面最难卸的，特别是有些女性喜欢用防水型的睫毛膏，那卸起来就会更麻烦。先用两片化妆棉蘸取适量的卸妆产品轻敷在眼皮上几秒钟，让睫毛膏慢慢地溶解，等睫毛膏彻底溶解之后，再从内向外地卸除睫毛膏。

第二步：卸去眼影和眼线。先将化妆棉垫在下眼睑处，再取一个沾有卸妆产品的化妆棉轻柔地在眼睛周围横向揉搓，然后取一个沾有卸妆产品的棉棒，卸去眼角等处的眼影和眼线残留物。一定要注意将眼睛周围的彩妆卸干净，否则会造成色素沉淀，在眼睛周围形成斑点。

第三步：中指和无名指在额头轻抹。从额头开始清洁全脸，在额头、鼻子、两颊和下巴处点上卸妆乳，用中指和无名指在额头处向外均匀抹开卸妆乳。

第四步：用指尖在鼻翼处打圈搓揉。沿着鼻梁开始用指尖打小圈搓揉，清洁油脂分泌旺盛的鼻部。

第五步：从内到外清洁两颊。用中指和无名指从鼻翼处开始打圈到耳中部分，从嘴角到耳后打圈清洁。

第六步：彻底清洗。卸完妆之后，脸部可能还有一些残留物，这时再用洗面奶清洗一次，可以达到彻底卸妆的目的。

也许会有些女人说，这些步骤太烦琐了。习惯成自然，这其实就是几个动作的事情，十分简单，只是要你将这些融入到

自己的生活中。如果你能够一直坚持正确的护理脸部的方法，也许就不用去美容院浪费时间，你自己也可以打造完美无瑕的脸庞，轻轻松松做个美女呢！

怎样才能避免“妈妈手”

女人的手是女人的第二张脸，一个女人即使把脸保养得再好，若是伸出手时，手部皮肤干裂粗糙，那这个女人必定是常做苦活儿的，且不懂得好好保养自己。一双漂亮的手，必定是细嫩白滑、柔若无骨的。

每个女人都希望自己能有一双纤纤玉手，都希望被心爱的人握紧时能给他柔滑细腻的感觉。对于那些对手有美好幻想的女人来说，“妈妈手”无疑是她们的天敌。

23岁的薛雅是个网络编辑，每天上班都要对着电脑敲敲打打，回家也爱打电子游戏，一到周末还经常打通宵。有时，她从电脑旁起身，一伸手一握拳，她的手指便会“咔咔”作响。老妈经常唠叨要她注意身体，可她只当自己一时用劲过度，并没太在意。

直到上周末，打完了一个通宵的游戏之后，薛雅突然觉得拇指伸不直，一用力还痛。第二天起床后，她甚至发现拇指硬硬的有点不听使唤，这才不敢大意，去医院一检查，结果是患

上了“妈妈手”。

薛雅很吃惊，她也听过“妈妈手”，可是，在她的印象里，这种病只有岁数大一点的女性才会得啊，她还没有结婚，怎么会得“妈妈手”呢？

医生告诉她，这种病以往都是干手指活的中老年人，特别是妈妈们才容易得。可现在，年轻白领患者的数量也有逐年增多的趋势。

“妈妈手”的学名叫“慢性手部湿疹”，多发于手部，特别是指腹部位。发病时手部会产生红、痒、脱皮的现象，非常难受。如果治疗不当，反复发作，患处会慢慢形成角质增厚、指纹不明显并有纵纹的情形。这种情况下，虽然手并不会感到特别痒，但一到冬季气温特别低的时候，角质层厚的部位会产生龟裂、流血，不能沾水和清洁剂，既不方便，又很痛苦。

“慈母手中线，游子身上衣。”记忆中，妈妈的手总是不停地忙这忙那，从来没有闲的时候。也因为过于忙碌，妈妈的手过早地失去了光滑柔嫩，变得粗糙不堪，有些扎人。所以，“妈妈手”的发病人群多为家庭主妇。

然而，“妈妈手”并不是家庭主妇的专利。只不过因为做家务比较多的关系，有些女性比平常人更容易接触到大量的水和清洁剂，比如，刚生完宝宝的妈妈，需要频繁地洗奶瓶、洗衣服，就容易产生这个棘手的问题。而其他一些行业的人，如美发业者、餐饮业者也容易患上“妈妈手”。甚至不接触水和清洁剂的人，如那些成天被电脑、手机包围的年轻人，因为经常重复同一个动作，也容易被“妈妈手”找上门。

另外，气温变化也是催生“妈妈手”的一个诱因。尤其是冬天气温非常低，如果我们在洗完手之后不及时擦护手霜，皮肤很快就会变得很干燥，不但会脱皮，严重的还会裂开一道一道的小口，让人疼痛难忍。长期在空调房里工作的白领，即使在夏天，也会容易患上“妈妈手”。因为，人体长时间处于低温下时，血管会收缩，局部的供血也会减少，造成全身血流不畅通。长此以往，会引发肌肉痉挛，再加上一直重复一个动作，关节更容易发生炎症。

此外，妈妈手一般分为急性与慢性两种，发生于一周之内的患者，比较容易治疗，且可以快速地缓解发炎状况。但对于慢性患者来说，因拖延太久，肌腱周边有可能已经产生器质性变化。所以，年轻人一旦发现手指不灵活，应适当休息并及早就医，千万别等到出现明显的损伤才开始重视。

每个女孩都不想和“妈妈手”扯上任何关系，要避免“妈妈手”，最重要的是日常防护和保养。为作好预防的万全准备，可采取以下具体措施：

做手工活，尤其是织毛衣或者绣十字绣的时候，要注意劳逸结合，可以适当地做一些手指操，加强手的运动锻炼，这样不但有助于消除疲劳，还能避免关节疼痛。

将需要碰水的家务活集中在一起做，在做家务时尽量戴防

水手套，或者用热水，不要冷热交替，更不要分段，以免让手部反复处于干湿或者冷热的循环中，这样对手部的伤害将会更大。

只要一碰过水，就要马上涂护手霜。一定要加强防护、增强手部的抵抗力。夏天可以选择相对清爽一些的护手霜，放在办公室或者家里，不要忘了擦。冬天要选择滋养性好的护手霜，多备几瓶，放在办公室或者家里不同的位置，随时随地为自己的手部补充营养。在睡觉前，先将双手涂上一层厚厚的护手霜，然后戴一双棉质手套，或者用保鲜膜将手包起来，这样，第二天早上起来，我们的手就会变得又滑又嫩。

任何一个姿势都不要保持时间过长，要经常变换姿势，还要适当休息和减少用力，千万别在长年累月不知不觉中让自己的手关节累出病来。

第9章　饮食：女人魅力的私房秘密

人的一生，离不开饮食。有些女人，吃喝纯粹是为了不至于忍饥挨饿；有些女人，在满足温饱之后，开始在饮食上下功夫，从中寻找魅力的根源。饮食是生命的根本，是生命的动力，合理饮食，女性魅力就有了由内至外的保证。深谙饮食与魅力关系的女性，能把饮食当作自己的私人美容师，时时刻刻呵护自己的美丽。

良好的饮食是女人的魅力之源

每个女人都想成为男人眼中的焦点女人，当所有羡慕、欣赏、惊艳的目光都聚集到自己身上，那是怎样一种感觉呢？要成为最具魅力的万人迷，良好的饮食可以助你一臂之力。

宋美龄作为蒋介石的夫人，不同的人对她的评价褒贬不一，但这位跨越了三个世纪的传奇女性无疑是魅力女人的代表。其魅力与她良好的饮食习惯有很大的关系。

宋美龄的饮食多以清淡为主。早餐是一杯牛奶、两片土司、一点黄油，外加一碟盐水浸过的芹菜之类的蔬菜；午餐为一盘生菜沙拉、半碗米饭，少量的汤；晚饭乃为半碗米饭，两荤两素的小菜。

宋美龄几乎每天都会用磅秤称自己的体重，只要发现自己的体重稍微重了些，她的菜单马上随之更改，变成青菜沙拉之类的食物，没有任何荤物。如果体重跌到她的正常标准以下，她有时会多吃一块牛排。

在食谱方面，宋美龄讲求的是精致，所以，在宋美龄的厨房里，都是按少量、新鲜的原则配置食物。即便是这样，宋美龄为了保持苗条的身材，仍旧吃得很少。因为饮食控制得很好，热量比较平衡，所以她的体重一直保持在合理的状态下。

宋美龄的代谢指数不是很高，这样动脉硬化的程度相对来说就小得多，重要器官如心、脑、肾的功能被悉心保护，血管系统因年龄受损程度低。据说，宋氏家族是高癌家族，但是，得益于良好的饮食，宋美龄活到了106岁的高龄。

宋美龄作为中国历史上最有魅力的女人之一，以自己一生实践的经验为天下所有爱美的女性上了生动的一课。只要是女人，就想做个令人回味无穷的魅力女人，要做魅力女人，合理饮食是必不可少的美丽功课。

《红楼梦》有言：“女人是水做的。”人体组织液里含水量达72%，成年人体内含水量为58%~67%。当人体水分减少时，皮肤自然会干燥，皮脂腺分泌也会减少，致使皮肤失去弹性，甚至出现皱纹。为了使肌肤永葆水嫩的感觉，女人每天的饮水量应为1200毫升左右。最好是饮用白开水。早上空腹喝一杯温热的白开水，可以有效地帮助我们清除肠道内的垃圾，使

我们的小腹平坦紧实。也可以在白开水里面加一点点盐，同样可以达到补充身体水分的作用。如果不喜欢喝白开水，也可以用新鲜的果汁或者蔬菜汁代替。不要过多地饮用茶水和咖啡，茶叶里面的茶多酚会对我们的睡眠造成一定的影响。而咖啡喝多了也会影响睡眠。

据营养专家介绍，油炸食品、腌制食品和加工类的肉食品会加重身体负担，饼干、方便面、碳酸饮料等方便食品对人的肝脏的影响很大，吃烧烤食品等同吸烟。俗语说“病从口入”，经常吃垃圾食品会降低人体的抵抗力，使疾病来袭。魅力离不开健康，健康离不开营养，垃圾食品，绝对是魅力女人的大忌。

不少好莱坞女明星，在她们保养秘方里总有一条：一星期里有一天禁食所有肉类。肉类、鱼类、蛋等动物性食物，会使血液里的尿酸、乳酸量增加，这种乳酸随汗排出后，停留在皮肤表面，会不停地侵蚀皮肤表面的细胞，使皮肤粗糙又容易产生皱纹与斑点。素食中大量的矿物质、纤维质，能将血液中有害物质清除，净化血液，在代谢过程中输送足够的养分与氧气，使全身各器官充满生气，这样一来，皮肤自然健康有光泽，细致而有弹性。

良好饮食是女性的私人美容师，想漂亮的女人真的可以“吃出美丽”。“吃出美丽”的“吃”，不是暴饮暴食，不是三天吃两天不吃，更不是没头没脑地傻吃，而是有规律地吃，

有准备地吃，有选择地吃，有心地吃，重调养地吃。“寝不言，食不语，细嚼慢咽，粗细兼顾、荤素相宜。”这才是饮食的最高境界。

女人真正的魅力，是由内而外散发的一种健康之美，是肌肤时刻透露的水嫩光泽。林黛玉虽美，但她那风一吹就倒下的身体，绝不是女性的魅力所在。真正有智慧的女人，懂得从饮食中吃出健康、吃出美丽，让魅力之源永不会枯竭。

抗氧化食物：慢性疾病的克星

或许你每天都做运动，每天都吃营养品，在身体保健方面下足了功夫；可是，当到了一定年龄的时候，很多慢性疾病还是会光顾你的身体，你不再具有健康的身体，医院也成了你的另一个家。难道各种保健措施的功效真的这么微乎其微？

早在1956年，英国著名的“抗氧化之父”哈曼博士就提出了在医学界享有盛誉的《氧自由基衰老理论》，理论中称氧自由基是“百病之源”，是人类衰、老、亡的“元凶”。

氧自由基是人体新陈代谢的自然产物，它会损害人体的免疫系统，导致不同年龄阶段的各种慢性疾病。有广泛的科学证据显示，心脏病、中风、血液循环问题、癌症、老年痴呆症、糖尿病以及身体器官老化都与体内氧自由基的增加有所相关。

对于防御或抵抗氧自由基对身体的破坏，我们唯一能使用的武器就是抗氧化剂。抗氧化剂是机体防御自由基进入血液的第一道防线，是清理氧自由基的第一杀手，它可以有效抑制氧自由基的形成。

对于氧化损伤与慢性疾病之间的关系，科学界早就有了比较明确的认识。持续的DNA氧化损伤会明显促进主要癌症的出现，而持续的脂质过氧化则会明显促进心血管疾病的发生。世界各国的多项研究试验证实，抗氧化营养素在抵制慢性疾病的过程中起着关键性的作用。

一般情况下，女性过了35岁以后，自身抗氧化、清除氧自由基的能力就开始下降，再加之当今社会压力和污染物的不断增加，人体内的氧自由基也随之增多，慢性疾病的发生也就成了不可避免的事情。这时候，清除氧自由基单靠来自人体的内源性抗氧化剂是不够的，我们必须从富含抗氧化剂的食物中吸收足够的抗氧化剂，来抵御氧自由基对人体的攻击。

美国《时代杂志》曾评选出了十大抗氧化食物并指出，这些食物不但容易获取，还含有天然食物中的生物化学因子，与那些提炼而成的抗氧化剂相比，更易被人体吸收利用、预防慢性疾病。这些食物分别是：

（1）葡萄：葡萄籽中的花青素，其抗氧化能力非常强，可以有效地对抗肌肤的老化。如果嫌吃起来麻烦，可以把洗干净的葡萄放入榨汁机中，榨成葡萄汁来喝，一样可以起到保健和

美容的效果。另外，在吃葡萄的同时，适量饮用一些红酒，效果会更好。

（2）蓝莓：莓类水果β-胡萝卜素和维生素C含量极为丰富，而这两种成分被医学界认为是所有抗氧化物里效果最佳的物质。

（3）坚果：核桃、杏仁等坚果类食物富含维生素E，不但具有抗氧化功能，还能修护老化的皮肤组织，让我们的皮肤重现年轻光泽。不过，坚果类食物含高油脂，食用时一定要适量，否则会造成不良的后果。

（4）番茄：茄红素含量丰富，在各种番茄种类里面，尤以那种叫“圣女果”的小番茄效果最佳。通常来说，颜色越红的番茄，茄红素含量越高。而茄红素的抗氧化能力也非常强，几乎是维生素C的20倍。

（5）花椰菜：十字花科植物，外形美观。它里面含有一种独特的抗氧化物质，几乎集所有抗氧化物于一身，具有极强的抗氧化效果。

（6）大蒜：里面含有的硫化物不但具有抗氧化还原的作用，还能有效降低人体内的胆固醇含量，预防高血压及心血管疾病。

（7）绿茶：是许多办公室白领的最爱，除了能清新口气，还有很强的抗辐射功效。另外，绿茶的抗氧化效果同样不可小看。坚持饮用，不但可以抗老化，还有助于美体瘦身。

（8）鲑鱼：以野生鲑鱼为佳。鲑鱼肉质细嫩，味美可口，含有超强的Ω 3多元不饱和脂肪酸，这使它具有非常强大的抗氧化功效。

（9）菠菜：菠菜富含β-胡萝卜素和维生素C，所以也上了抗氧化食物十佳排行榜。另外它还含有铁、钾、镁等多种矿物质及叶酸，所以能有效降低血压，振奋情绪。

（10）燕麦：富含蛋白质、钙、核黄素、硫胺素等成分，每日摄取适量的燕麦能加速人体新陈代谢，加速氨基酸的合成，促进细胞更新。

人生在世，生老病死是不可避免的事情，但是，有些疾病，只要用心对待，就不会轻易找上你的家门。天天到医院打点滴、做化疗的日子是很多人都无法承受的，女人要幸福，永葆心情愉悦，健康是必不可少的因素。要健康，就必须注意多吃一些抗氧化的食物，为健康守好这道防线，不让疾病侵蚀自己的身体。

健康，是可以吃出来的。注意你的饮食，你就可以源源不断地为身体输送营养物质；注意你的饮食，你就可以轻松为自己设置一道生命安全的防线。抗氧化食物，天生就是慢性疾病的克星，可以使一些疾病对你望而却步。

芦荟：排毒与美容的专家

传说，美艳绝伦的埃及女王克丽奥·佩特拉有一个外人无法逾越一步的神秘魔池。每当子夜时分，克丽奥·佩特拉便步入魔池，沐浴在一潭显露于月光之下的碧色清波之中。日复一日，年复一年，克丽奥·佩特拉的容颜丝毫未改，人们再也无法猜测女王的年龄。

后来，人们才在衰败了的埃及王朝旧址上发现，魔池中的液体其实是一种叫作芦荟的植物的汁液。据历史记载，埃及女王克丽奥·佩特拉一生都用芦荟沐浴和护理皮肤，并坚持饮用芦荟汁。

自古以来，芦荟作为美容药草在民间广为流传，大量的文献记载了其神奇的美容功效。芦荟中含有的氨基酸、有机酸、多糖及微量元素都是皮肤天然保湿因子中的宝贵成分，它可以补充皮肤中损失的水分，有恢复胶原蛋白的功能，可以防止产生面部皱纹，保持皮肤柔润、光滑、富有弹性，具有很好的保湿效果。芦荟对紫外线的吸收效果也非常好，可有效预防紫外线对皮肤的伤害，并对日晒后皮肤的修复具有良好作用。

此外，芦荟中所含有的维生素、矿物质、多糖等天然营养成分，均为皮肤所需要的营养物质，可有效滋养肌肤；芦荟中含有的活性水解蛋白酶可以清除已死亡的角质细胞，给新组织创造正常的生存环境，防止皮肤粗糙和老化，帮助毛孔呼吸，

有很好的抗皱和延缓衰老的作用。

据说，公元前333年，马其顿国王亚历山大在东征时，曾用芦荟的汁液治疗受伤的士兵，结果那些伤兵很快痊愈，并在征服欧、亚、非三大洲时为亚历山大立下了汗马功劳。二战结束以后，日本受美国核辐射灼伤的幸存者就是因为不断用芦荟汁涂抹伤口，才使伤口很快愈合，且没有留下任何疤痕。现代科学也通过大量临床实验证明，芦荟可以祛除面部的疤痕、斑点，并能减轻电脑辐射对我们皮肤造成的伤害。

此外，芦荟的排毒功能一点都不亚于它的美容功效。研究表明，芦荟素可以极好地刺激小肠蠕动，把肠道毒素排出去；芦荟因、芦荟纤维素、有机酸能极好地软化血管，扩张毛细血管，清理血管内毒素；芦荟中的其他营养成分可迅速补充人体缺乏的物质。所以，美国人常说：清早一杯芦荟，如金币般珍贵。

拥有曼妙的身段、水泽亮丽的肌肤几乎是每位女士的梦想，而芦荟神奇的排毒美容功效正符合了所有爱美女士的需要。目前，世界上添加有芦荟成分的化妆品已超过1500种。美国“最佳化妆品有效物”的评比结果表明，芦荟的名次位列第二，仅次于维生素。有关资料显示，欧洲化妆品市场上保健类化妆品中以芦荟为原料的占80%以上。

不仅如此，某些品种的芦荟还是一种上好的食材，食用芦荟可达到很好的保健美容功效。芦荟的家庭保健食用方法相当

多样：生嚼芦荟叶，即把鲜芦荟叶切成四厘米的段，洗净去皮即可；饮芦荟汁，即将芦荟叶在榨汁机中打碎过滤服用，最好随用随打，也可煮开后放在冰箱内保存一两个星期；此外还有芦荟浸酒、芦荟浸蜜等。

芦荟以其神奇的排毒美容功效，成为时下许多爱美女性的盘中餐，不但餐厅有芦荟菜肴供应，就连自家阳台上也可种一些供自己随时取用的芦荟。不过，芦荟虽好，食用时也要讲究方法和适度。

芦荟苦寒，可清热解毒，对有口苦、口臭、烦热、尿赤、便秘症者比较适宜。不过，芦荟并非人人宜食，不同体质的人食用芦荟会产生不同的效果。体质虚弱者和少儿不宜过量食用，多食会引起腹痛和腹泻，个别体质过敏者也会出现皮肤红肿、粗糙的现象。

任何东西过犹不及。吃芦荟也一样，并不是吃得越多就越健康。每人每天摄入量最多不要超过15克，因为芦荟属于性寒之物，吃多了会上吐下泻。另外，特别提醒读者注意，并不是所有品种的芦荟都适合服用，在食用之前，一定要问清楚，确定是可以食用的再吃。

随着社会的发展、人们生活水平的提高，以天然保健品促进健康的概念日渐深入人心。芦荟这种具有多功能保健的植物正以不可阻挡之势走进人们的生活。爱美的女性，千万不可错过芦荟这种美容保健佳品，要让它成为你的私人美容师，让它助你永葆青春和美丽。

乳酸菌：医治疾病的“魔水”

酸奶一直都是女性朋友的最爱，经常喝酸奶的女性，不仅肌肤较一般女性更好，生病的几率也较低。这是为什么呢？答案就在于酸奶中的乳酸菌，乳酸菌赋予了酸奶备受女性青睐的条件。

早在20世纪初，俄国著名的生物学家梅契尼柯夫，在他获得诺贝尔奖的“长寿学说”里已明确指出：保加利亚的巴尔干岛地区居民，日常生活中经常饮用的酸奶中含有大量的乳酸菌。这些乳酸菌能够定植在人体内，有效地抑制有害菌的生长，减少由于肠道内有害菌产生的毒素对整个机体的毒害，这是保加利亚地区居民长寿的重要原因。

鉴于乳酸菌的独特功效，欧美、日本等发达国家大力宣传乳酸菌及相关产品，在这些国家，几乎人人都知道乳酸菌有益人体健康。全球乳酸菌产品生产规模不断扩大，光是乳酸菌食品就占了近乎85%的市场份额，我国乳酸菌产品也处于增长的态势。

乳酸菌到底有何魅力，如此备受追捧呢？乳酸菌是一种存在于人类体内的益生菌，能够将碳水化合物发酵成乳酸，因而

得名。乳酸菌在自然界中种类很多，分布极广，目前至少可分为18个属，共有200多种。除极少数外，其中绝大部分都是人体内必不可少且具有重要生理功能的菌群，广泛存在于人体的肠道中。

根据科学家的研究，肥胖人群体内的有益乳酸菌明显比普通人群低。经常食用乳酸菌食品，可以有效降低血压、血脂、血糖，改善肠道内微循环，达到健康的目的。

除了上述作用，乳酸菌还可以促进钙、蛋白质、铁等微量元素和营养物质的吸收，最后合成B族维生素，控制体内的毒素的产生，有效地预防肠道疾病的发生。同时，乳酸菌还可以改善我们的肝功能，保护我们的肝脏不受伤害。另外，乳酸菌还具有美容养颜、抗衰老等功效。

对女人来说，乳酸菌简直就像个魔术师一样，能够治疗多种让女性朋友困扰已久的疾病，使她们神奇般康复。那乳酸菌究竟是治疗哪些疾病的“魔水”呢？

1. 乳酸菌与便秘

便秘是由肠子的蠕动迟钝所引起的，运动不足、水分不足、食物纤维摄取量过少，都会引起便秘。便秘的人，肠内呈现碱性，这会使得肠子的功能变得迟钝。而当肠内的乳酸菌占优势时，乳酸菌所创造的‘酸’就可以改变肠内的环境，将碱性转变为酸性，刺激到肠子，使大肠蠕动活泼，促进排便顺利进行。

2. 乳酸菌与过敏疾病

日本科学家发现，乳酸菌的细胞壁可以诱发T细胞产生大量的白介素-12，因此能够抑制抗原特异性免疫球蛋白E抗体的产生，并且能够预防过敏反应和食物过敏。若每天服用酸奶200克，连续一年，不仅能改善过敏症状，还能降低免疫球蛋白E抗体。芬兰学者还发现，怀孕妈妈若直系亲属中有过敏者，在产前服用乳酸菌连续十四天，且小孩在出生后服用六个月，则小孩过敏病的发生率能降低5%。

3. 乳酸菌与腹泻

其实，腹泻是体内的防御反应之一，腹泻可以将体内入侵的异物迅速地排出体外。如果是因为病原菌而导致腹泻，吃止泻药止泻，那么大量的病原菌会残存在肠内，这样会加速感染。乳酸菌可以将为非作歹的病原菌驱逐出体外，使腹泻停止，达到根本改善的效果。

4. 乳酸菌与儿童艾滋病

据德国《明镜》周刊2005年报道，美国伊利诺斯大学芝加哥牙科学院副教授陶林领导科研小组发现，儿童口腔中的乳酸菌可以防止艾滋病毒在儿童体内扩散。有6种乳酸菌能够通过自己产生一种蛋白质，紧紧地将自己固定在口腔膜和消化道膜壁上，这种蛋白质能捕捉住艾滋病毒，并牢固地附在艾滋病毒的外壳上。

黑色食品：最好的天然补肾品

武婷的妈妈是因为肾炎过世的，那时候，武婷很伤心，经过很长时间才从失去母亲的伤痛中走出来。可是，没过几年，她竟也成了肾部疾病的受害者。

大四的时候，很多人都参加了公务员考试，想为自己找个铁饭碗，武婷也不例外。所有人都知道，公务员的录取比例是很低的，可武婷靠自己的努力，过五关斩六将，顺利通过了初试和面试。本来以为公务员的工作已经十拿九稳了，但在体检的时候，武婷被检查出来肾部有些问题，被取消了公务员的资格。

武婷在这件事上遭遇了很大的打击，后来她想到，妹妹的身体也不是很好，而且她明年就要考大学了。武婷知道，如果有重大疾病，升学是会受到影响的。为了不让妹妹步自己的后尘，武婷让妹妹到医院作了个检查。

检查结果出来了，妹妹只是有些肾虚，没有严重的问题，平时注意保养就可以了。这下，武婷的心头总算是落下了一块石头，心里稍稍有了一些安慰。

俗话说，“男怕伤肝，女怕伤肾”。现代医学证实，男人肾虚会精亏阳痿，女人肾虚则会使造血功能受到伤害，气血两亏，最终导致各种妇女疾病。因此，将肾称为女人健康美丽的“发动机”，一点都不过分。

女性一旦肾虚，就会精神疲惫、反应迟钝、腰酸腿软、皮肤颜色枯槁、下眼睑颜色暗淡、耳廓颜色焦枯、骨骼脆弱等。红颜易老，祸根之一就是不为人所知的肾虚。从生理特点角度上来讲，女性天生就是肾脏类疾病的高发者，其患肾病的可能性较男性大很多，所以，女性朋友更应该加强对肾的保护，以保证身体的健康。

专家介绍，黑色食品是最好的天然补肾品，女性可多吃黑色食品为肾筑起一道“万里长城”，以抵制各类肾病的侵犯。那么，什么是黑色食品呢？在国外，黑色食品是指两个方面：一是具有黑颜色的食品；二是粗纤维含量较高的食品。下面介绍几种对滋阴补肾有显著效果的黑色食品：

1. 黑豆

古人认为豆是肾之谷，其形像肾，而色与肾色同。有人试过每日吃十几枚黑豆，真的有到老不衰的功效，可以说，黑豆有很强的补肾养肾的作用。此外，黑豆含有较丰富的蛋白质、脂肪、碳水化合物以及胡萝卜素、维生素B1、维生素B2、烟酸等营养物质，有益于延缓衰老、养颜美容。

2. 黑木耳

木耳能化痰，补气益志，去燥滋补，滋润发质，活血养胃，清除体内的各种有毒垃圾。木耳水果派、木耳饼羹、木耳红枣羹、木耳煲鸭、酸辣木耳羹等，常常是我们的餐中佳肴，味道鲜美。近年来，黑木耳的降低胆固醇、脂肪和抗凝作用也

逐渐被重视起来，每天当菜吃30~50克，对高血脂、高血压、动脉硬化、冠心病患者有良好的保健作用。

3. 黑米

黑米，也被称为“黑珍珠”，含有丰富的蛋白质、氨基酸以及铁、钙、锰、锌等微量元素，有开胃益中、滑涩补精、健脾暖肝、舒筋活血等功效，其富含的维生素B1和铁的含量是普通大米的7倍。

4. 黑桑葚

性味甘、酸、寒，入心、肝、肾经，有滋阴补血，润肠通便的功效。味道酸美多汁，多食能使你的眼目明亮、头发密泽，可做成桑葚布丁、桑葚蛋糕、桑葚水果沙拉等。吃过它的古人曾说：“食之，令人肥健，润肌肤，乌须发，固精气。”

5. 黑葡萄

宋代的医书《备用本草》记述葡萄的作用为“主筋骨，温脾益气，倍力强志，令人肥健，耐饥忍风寒，久食轻身，不老延年，可作酒，逐水利小便”。它含有丰富的矿物质钙、钾、磷、铁以及维生素B1、维生素B2、维生素B6、维生素C等，还含有多种人体所需的氨基酸，常食黑葡萄对神经衰弱、疲劳过度大有裨益。

6. 黑芝麻

可以配合各种点心、菜肴做成美食，还可以炒熟后碾碎放盐，放在早餐的粥里。黑芝麻中含有维生素E，具有维持正

常生殖机能、抗不孕和延缓衰老的作用，还具有养颜润肤、乌发、益脾补肝、强身益寿的功能，是著名的补养佳品。

7. 海带

海带素有“长寿菜”的美誉，含有丰富的碳水化合物、较少的蛋白质和脂肪，与菠菜、油菜相比，除维生素C外，其蛋白质、糖、钙、铁的含量均高出几倍至几十倍。多用于炖汤、制作凉菜，素食或与肉同食均可，对预防及治疗甲状腺肿及其他水肿病极为有效，有化痰、散结功能。

第 10 章　保健，魅力长驻的不老秘诀

有的女人，在岁月的侵蚀中失去了原本倾国倾城的美丽容颜；有的女人，却在时间的洗礼中沉淀了令人回味无穷的韵味。珍爱自己，保健绝对不容忽视，否则你很快就会成为秋风中树上残留的叶，生命岌岌可危。用保健呵护自己，女人犹如寻得一颗长生药，在收获健康的同时，也把握了魅力长驻的秘诀、生命不老的秘方。

女性健身，球类运动最适宜

小艾的工作需要一天到晚坐在电脑旁，再加上她体质比较容易变胖，所以，工作不久，她就长出了双下巴，肚子上也多了不少赘肉，减肥成了小艾的一大难题。不仅如此，这种工作方式还使小艾整日都无精打采的，精神面貌十分不佳。

小艾也知道，自己这样下去是不行的，她想过跑步锻炼身体，可是她从小就不喜欢跑步，以前也尝试过，每次都是没坚持几天就放弃了。她也想过节食减肥，可她胃口特别好，一到吃饭的时候就总是经不住诱惑。

在一次同学聚会的时候，小艾看到以前一个很胖的同学现在变得非常苗条，一见面就向她请教减肥的秘诀。同学告诉

她，自己也没有刻意减肥，就是喜欢打网球，而这也是一种对身体十分有益的健身方式。

小艾实在是太羡慕同学现在的身材了，因此决定也尝试一下，于是开始了自己的网球健身。小艾虽不喜欢运动，可她很要强，很享受打网球时与人一争高低的感觉，每天打两个小时的网球根本就不觉得累，还兴致勃勃地央求对方再陪自己打一会。

一个月下来，果然卓有成效，小艾不仅体重轻了5公斤，整个人也开始变得有精神，工作效率也明显提高。现在，网球已经成了小艾生活的一部分，一段时间不打球，她就会觉得浑身不自在。

像小艾这样的女性，在当今社会非常普遍。其实，每个人都不是天生讨厌运动，而是没有找到适合自己的运动方式。球类运动既可以成为健身的方式，还可以成为个人的兴趣所在，将兴趣融入健身当中，你就会发现，健身，实在是一件很美妙的事情。

女性朋友都知道，健身既有利于锻炼身体，又有利于减肥，是一举两得的好活动。可是，女人天性比较懒散，即使知道健身的好处，也无法坚持下去。不过，女性天生爱玩，喜欢在玩乐中尽情地享受人生，如果能将健身和玩乐联系在一起，女人就能为健身而疯狂，其毅力令男人都为之汗颜。

许多球类运动都是需要有人配合才可以完成的，闲暇时，

约朋友出来打球，可以巩固友情；工作时，约朋友出来打球，可以联系感情。打球不仅是健身的方式，更是一种与人交际、培养感情的有效方式。成为某种球类运动的高手，有时可在事业上助你一臂之力。

球类运动有很多种，每个人都可以根据自身的体质、喜好、工作环境等选择适合自己的球类运动，让自己在这种健身方式中享受快乐、享受运动的乐趣。

1. 排球

这是一种比较流行的健身方式，需要做发球、垫球、传球、扣球和拦网等动作来组织进攻和防守，这需要身体各个部位的高度配合，能够使身体充分活动开。在场地中尽情地挥洒着汗水，将迎面而来的球打回去，那种酣畅淋漓的感觉，让人既过瘾又痛快。

研究表明，打一小时排球，女性可消耗319卡（1卡=4. 18焦耳）的热量，相当于一碗阳春面的热量。同时，排球运动对女性灵敏性的提高有很好的帮助。

2. 乒乓球

乒乓球在我国相当普及，被视为国球。在学校、小区到处都有乒乓球桌。打乒乓球对场地要求一般不是不高，只要有球桌就可以打。相对而言，打乒乓球比较安全，同时还能锻炼到身体的每一个部位，使我们的身体更加灵活，更有柔韧性。由于击打过程中乒乓球速度快、变化比较大、对神经系统的要求很高，所以，长期打乒乓球可以有效地提高我们的反应能力。

3. 羽毛球

在我国，羽毛球的普及性仅次于乒乓球，二人或者四人对打，场地不限，而且羽毛球拍价格便宜，技巧又容易掌握。所以，女性朋友没事的时候，可以和朋友一起打打羽毛球，不但可以放松我们的筋骨，还可以锻炼我们腰背的力量。

4. 壁球

壁球曾被美国福布斯杂志列为十大最佳健身休闲运动并向白领阶层大力推荐。因为壁球能在短时间内使我们的心肺功能、爆发力、身体的协调性、耐力和反应能力得到最大限度的锻炼，达到健身减肥的目的，所以受到很多时尚女性的青睐。

5. 网球

网球是许多美女钟爱的一项相对比较剧烈的运动。它可以有效地锻炼我们手臂的力量，同时还能增强我们的心肺功能和身体的灵活性。女人打网球，动作非常优美，而且网球运动极富时尚气息，很有活力，能让我们更加自信。

瑜伽：适合女性的养体神功

据说，在几千年前的印度，高僧们为追求进入天人合一的最高境界，经常僻居在原始森林，静坐冥想。

在原始森林生活了很长一段时间之后，高僧们开始观察生物，并从中体悟了不少大自然的法则。后来，高僧们将生物的生存法则验证到人的身上，逐步感应到了身体内部的微妙变化。就这样，人类开始探索自己的身体，懂得了如何和自己的身体“对话”，并以此对健康进行维护和调理。

经过几千年的钻研归纳，历代的高僧们逐步衍化出一套理论完整、确切实用的养身健身体系，这就是瑜伽。

在瑜伽的起源地印度，流传着许多关于它的故事和传说，无论哪个版本，都验证了瑜伽在人类养体方面的神奇功效。作为当今社会最流行的女性养体方式，瑜伽已经得到了社会各个阶层女性的青睐，越来越多的人不遗余力地投入到瑜伽养体的实践当中，期望以此练就自己完美的体型。

纵观演艺圈的各类女性，无论是老牌美女巩俐、关之琳、刘嘉玲，还是现在演艺事业正如日中天的孙俪、蔡依林，都是瑜伽的忠实追随者。尤其是蔡依林，已经将瑜伽的精髓用到了自己的MV和演唱会里，让人不由得大赞她身体的柔软。这些明星以自己的亲身经历向我们证实：瑜伽，确实是当代最适合女性的养体神功。

小雨是朋友中出了名的三分钟热度，做事总是有始无终，所以，当她宣布自己正在练瑜伽的时候，周围的朋友一致断定她最多坚持三天。可眼下已经过去十天了，小雨对瑜珈的热情非但没有消退，反而越来越高涨。她每天兴高采烈地去健身房

练习瑜伽，回来之后就和朋友说她在健身房认识的新伙伴。

和小雨一起练瑜伽的朋友中，有个叫赵宁的同龄人，当初练习瑜伽的目的是减肥，一段时间下来果然卓有成效，原本肥胖臃肿的身材，现在火辣得连女人都忍不住多看几眼。

在她们的队伍中还有个叫张娟的，从小身体就不太好，练瑜伽的初衷是锻炼身体，坚持了三年之后，身体状况明显好转。以前朋友都说她是林黛玉的身子，可前段时间，她还参加了学校的3000米越野比赛呢!

小雨说，在上课的时候，当老师说这个动作可以提臀、那个动作可以美化侧腰的线条的时候，你一定会看到大家在十分卖力地做。做完之后，脸上还有意犹未尽的表情。

瑜伽最强悍的广告词是：你在什么年龄开始练，只要你刻苦、坚持，你就能够保持那个年龄的相貌。究竟瑜伽有哪些神奇的养体功效，敢在全世界面前这样夸下海口呢?

瑜伽的基本姿势有推、挤、拉、扭、伸等，不但可以按摩我们的内脏器官，使我们的生理机能得到强化，还可以调节内分泌，有效地促进人体的新陈代谢，达到延缓衰老的效果。同时，瑜伽还可以通过呼吸调整我们的情绪，使人体保持一种舒缓宁静的状态，让女人永远年轻、青春永驻。

由于日常劳累或不良坐姿，女人的脊椎很容易变形，而瑜伽，正好就是改善不良姿态的良药。通过瑜伽的练习，人体的脊椎、肌肉、韧带和血管可以处于一个相对平衡的状态，这使

女人体态优雅，浑身散发迷人的气质。

健康的瑜伽饮食习惯是坚持只进食乳品、蔬菜类食品，而不吃刺激性食品，这有利于食物消化，使胃更健康。瑜伽练习者每天都要喝掉大于10~15杯的清水，这既可以满足人体对水分的需求，又能净化身体、预防疾病，是养体的最好秘方。

很多女人都把瑜伽想象得很神秘，但练习瑜伽其实是一件很简单的事情。在你闲暇的时候，找一个安静的通风之地，盘腿静息，娴静优雅地舞动身体，心随气息而动。一套操下来，你能顿时感觉神清目爽，获得心灵的洗涤。

拥有完美迷人的身材，是每一位爱美女性梦寐以求的事情，瑜伽这种养体运动的流行，正适应了当代女性对健康的需求，是最适合女性的养体神功。很多女性意志不够坚定，中途选择了放弃，乃至与完美的身材失之交臂。练习瑜伽贵在坚持，只要你坚持，就一定能在拥有健康的同时练就令人着迷的完美身材，为自己的魅力再加珍贵的一分。

熏洗疗法：防病治病融为一体

古时，有一个女子，其夫身患绝症，城里的大夫断定他活不过三年。自此，这位女子带着丈夫四处寻访名医，希望能够治好他的病。可看了很多有名的大夫，所有的人都对丈夫的病

束手无策。

后来，女子带着丈夫来到了关中，她听说在附近的深山里有一个远近闻名的神医，治愈了很多疑难杂症。据说，世界上没有这位神医治不好的病。不过，这位神医从不轻易露面，只有至诚至信之人才能与他见上一面。

女子带着夫君来到那位神医居住的深山里，找了三天三夜却依然找不到神医的踪迹。丈夫劝她回去，但女子坚决不从。等到第七七四十九天的时候，那位神医终于被女子对丈夫的爱感动了，现身相见，并答应治好她丈夫的病。

神医让女子每天清晨采集花上的露珠，集齐一桶之后泡上神医配置的草药，让她的丈夫在药桶中浸泡药液，并使药液时刻处于温度较高的状态。在药液中泡了整整一百天之后，这位女子丈夫的病真的奇迹般的治愈了。

神医为这位女子的丈夫治病的方法，就是我们现在所说的熏洗疗法。传统的熏洗疗法是把中药煎煮后借用其热力及药理作用熏洗皮肤或患部，以达到预防和治疗疾病的目的。

1973年在湖南马王堆三号汉墓出土的《五十二病方》中，明确记载了用熏洗疗可以法治痔瘘、痫症、烧伤、瘢痕、干瘙、蛇伤等多种病症。在孙思邈的《备急千金要方》《千金翼方》，王焘的《外台秘要》等医学著作中，已将熏蒸疗法广泛应用于内、外、皮肤科等各科疾病的治疗和预防。千百年的实践证明，中药熏蒸疗法是行之有效的防病治病、强身保健的好

方法，一直为历代医家和患者重视并普遍使用。

用熏洗疗法在皮肤或患部进行直接熏洗的时候，由于温热和药物作用，能刺激神经系统和心血管系统，疏通经络、调和气血、清热解毒、消肿止痛，改善局部营养状况和全身功能，健体强身、防病治病。

熏洗疗法分可为全身熏洗法和局部熏洗法两种。局部熏洗法又分为坐浴法、足部熏洗法、手部熏洗法等，每种熏洗疗法针对不同的部位，具有不同的神奇效果。下面介绍几种熏洗疗法的使用步骤。

1. 坐浴法

先根据医生的处方将药煎好，并同时准备好桶、毛巾等物品。把煎好的中药药液倒入盆中，将患处对着药液熏蒸，等到药液温度适宜时，直接坐入盆内泡洗。洗完之后，用毛巾轻轻擦干患处。注意不要吹风。

2. 足部熏洗法

先根据医生的处方将药煎好，并同时准备好桶、毛巾等物品。将煎好的药液趁热倒入盆内，然后在盆内放一个小木凳，脚踩上去以后，迅速用布单把盆和脚都盖住，让热气不至于很快散发掉。当药液不再烫脚时，直接把脚放入盆内泡洗。洗完之后，用毛巾擦干患处。注意不要吹风。

3. 手部熏洗法

先根据医生的处方将药煎好，并同时准备好桶、毛巾等物

品。将煎好的药液趁热倒入盆内，然后把手放入盆口，用布单把盆和手盖住，当药液不再烫手时，直接把手和手臂放入盆内泡洗，尽量多洗一会。洗完之后，用毛巾擦干患处。注意不要吹风。

以上各种熏洗法，一般每天熏洗1～3次，每次20～30分钟。其疗程视疾病而定，以病愈为准。此外，除以上熏洗疗法，还有眼部熏洗法、四肢熏洗法等，其方法可参照上述方法，根据患病的部位、大小用不同的药物进行熏洗。

很多人在生病之后，发现熏洗疗法是一种很有效的治病方法，而患病之前却从不加以重视。据权威部门分析，人如果从小就使用熏洗疗法，生病的可能性比不用熏洗疗法的人低出5倍。当今社会，在工作和生活的双重压力下，女人患病的几率一般比男人高，晚年的身体状况也较男人差了许多。对此，女人不妨试试熏洗疗法，有病治病，无病强身。

第三部分

做会说话会办事的睿智女人

现今社会，女人和男人一样在职场打拼、赚钱养家，很多女人通过自己的努力获得了成功。她们是生活中的强者，她们不怨天尤人，她们会说话会办事、聪明睿智，她们通过自己的努力换取幸福，她们是自己命运的主人。睿智的女人是智慧和优雅并存的，她们能够很好地利用自身的优势，取长补短，说话口吐莲花，做事机智灵活，她们有女人的细腻心思和柔婉的技巧。当一个女人学会说话办事的技巧以后，她可以用语言化解尴尬、得到赞美，可以用睿智化险为夷、创造美好。一个会说话会做事的女人，无论在生活中还是事业上，都可以立于不败之地。

第 11 章　做好职场规划才能成功

职场如战场，在这个硝烟弥漫的世界里，女人要想站稳脚跟，需要付出很多很多。女人在职场上驰骋，必须有清晰明了的规划，毫无目的、无头苍蝇似的乱转，只会赔了自己的青春，增添人生中无谓的磨难。成功从来都青睐于有准备的人，只要小心谨慎、步步为营，相信女人一定可以做职场上的枭雄，站在人生的顶点傲视脚下所有的风景。

女人，认识你的职业优势

尽管齐珊性格内向，不爱讲话，但她大学毕业的时候，还是选择了一份销售的工作。她本意是想锻炼一下自己的能力，她认为，只要努力，自己是可以适应这份工作的。可一段时间之后，她的销售业绩仍然是零，这给了她很大的压力，也迫使她不得不开始反思自己是否适合销售的工作。

思来想去，齐珊决定放弃现在的工作，重新规划自己的职业蓝图。齐珊在大学时读的是中文专业，是学校里小有名气的才女，有不错的写作基础。而且，在大学的时候，她在报社实习过一段时间，有一定的新闻从业经验。根据自身的条件和优势，她在一家报社找了一份记者的工作。

凭借自己深厚的文学基础和以前在报社实习的经验，齐珊很快就适应了记者的工作，她的名字一次又一次地出现在了报纸上，工作能力也得到了报社领导的肯定，这使齐珊很快恢复了在销售行业中丧失的自信。她相信，自己这次绝对没有入错行。

以前流行“男怕入错行”的说法，现在，踏入职场的女性数量迅速增长，她们似乎比男性更怕入错行。很多职业女性，都曾为自己入错行而黯然神伤，懊悔人生的青春岁月没有找对方向。

女性在初入职场的时候，一定要对自己有全面、客观、深刻的认识，根据自己的优势选择适合自己的领域，绝不能回避缺点和短处。这样，你工作起来才会更加得心应手，你才能更早地登上成功的巅峰。

马克·吐温作为职业作家和演说家，取得了极大的成功。但很少有人知道，他在企图成为一名商人时栽了不少跟头，吃尽了苦头。

马克·吐温曾投资开发打字机，却赔掉了五万美元。后来，他看见出版商因为发行他的作品赚了大钱，心里很不服气，也想发这笔财，于是开办了一家出版公司。然而，经商与写作毕竟风马牛不相及，马克·吐温很快陷入了困境，出版公司破产倒闭，他本人也陷入了债务危机。

经过两次打击，马克·吐温终于认识到了自己毫无商业才

能，于是断了经商的念头，开始在全国巡回演说。这回，风趣幽默、才思敏捷的马克·吐温完全没有了商场中的狼狈，他凭借写作和演讲还清了所有的债务。

选择一个对自己有利的职业以求得自身更好的发展，是每个人的良好愿望，也是实现自我价值的基础，但很多人都在这个环节下错了赌注，误入了一段“歧途”。人类经常对事物抱着一种美好的幻想，凭着自己的主观想法草率地进入一个自己并不适合的行业。等到在这个行业中栽了跟斗、撞破了头，才不得不承认自己当初的选择是错误的。

女性在家庭中扮演的角色，决定了女人为事业拼搏的时间有限。所以，她们更加承受不起“误入歧途”的代价。女性在选择职业的时候，一定要谨慎谨慎再谨慎，选择自己比较有优势的行业，使自己在有限的时间内作出一番成就。

自古男女有别，男性和女性的生理和心理特点都有所不同，也因此在职业生涯中也就形成了一定的优势和劣势。近年来，国内外的许多研究都显示，女性从业有诸多优势，这些优势特征使职业女性越来越成功，并被社会各界所认可。

格力老总董明珠认为，自己在职场上的成功与能力有关，其中女人特有的细腻让她在解决问题时更具有针对性，更容易快速准确地解决问题。此外，这种细腻还时常帮助她能够发现一些男同事容易忽略的问题。

美国加州大学心理学教授哈尔彭的研究表明，女人在语言

应用方面与男人相比有明显的优势。这种语言应用的性别差异在早期表现为女孩会说话比男孩早，使用词汇量比男孩更多，且会组成更为复杂和灵巧多变的词句。

此外，女性还是沟通的高手，她们比男人更善于微笑、直视对方或与别人更近地坐在一块儿或站在一起；女人通常较少打断别人的谈话，且更易对别人的笑话和幽默表现出愉悦的神情；即使与对方持有不同的看法，女性也会比较委婉、恰当地表达自己的异议。这些优势，使女性在社交场合备受欢迎。

“垃圾是放错了位置的宝藏”，垃圾尚且如此，更何况是人呢？每个人都有自己的强项，只要放对了位置，就一定能够发光发热。女人，一定要认清自己的职业优势，选择适合自己的行业，只要进入真正适合自己的行业，相信你的表现一定会令男人大吃一惊。

野心是女人成功的基础

很多人一直视野心为毒蛇猛兽，在他们看来，女人只要有了野心，就会不择手段，做出许多令人咬牙切齿的事情。但今天，野心已经不再是女人难以启齿的话题，而是女性进入职场后大声疾呼的口号。在现代社会，野心，是成功的基础，是成功的先决条件。

有这样一个小故事，说有一个富翁临死之前出了一道题目，问：“穷人最缺少的是什么？”并且留下遗嘱，答对题目者可以得到他全部的遗产。消息被一家报纸刊登后，一时间，写着答案的信件像雪片般从四面八方飞过来。有人说穷人最缺少的是钱，有人说穷人最缺少的是机会。最后只有一个8岁的小女孩答对了，她的答案是：“穷人最缺少的是野心。”因为她姐姐经常警告她，不可以有野心，所以她认为野心是世界上最了不起的东西。的确，我们之所以是穷人，是因为我们没有成为富人的野心；之所以还没有成功，是因为缺乏成功的野心。

有野心未必成功，但没有野心是万万不会成功的。心理专家研究显示，野心是获得成功的关键要素。女人有了野心，就证明她具备常人所没有的能力；有了野心，她就会在生活与工作中充满斗志；有了野心，她才敢于接受各种挑战；有了野心，她才更有可能先于他人抵达成功的彼岸。

梵妮最初在《华尔街日报》波士顿分局就职，有一天，公司派遣她去纽约做分局的局长。这是个绝佳机会，她可以由此承担更多的责任、完成更多的工作，可是，梵妮显得有些犹豫不决。当时，报社从来没有过女性分局长，这对梵妮而言无疑是一个极大的挑战。而且，梵妮的丈夫在波士顿做律师，有可观的收入，她对自己现在的工作也比较满意，从没想过要在事业上取得多大的成就。经过再三考虑，梵妮拒绝了公司的派遣。

后来，她如此写道："我太害怕冒险，我太害怕失败，太过担心婚姻生活出现问题，因此，我不是很有野心的人。"

梵妮作出决定之后，公司觉得她是那种有了机会却不敢接受挑战的人，而且畏惧变化，这使梵妮的事业前景受到了严重的打击。公司对梵妮失去了兴趣和关注，梵妮再也没有得到过任何升职或加薪的机会。

拿破仑说，"不想当将军的士兵不是好士兵"，这句话一点错也没有，士兵不想当将军，就不会在战场上奋勇杀敌、屡立战功，军队也不会打胜仗。谁都想成功，但成功对于一心只想相夫教子、心甘情愿做家庭主妇的女人而言，无疑是天上的月亮，可望而不可即。

国王有了野心，就会勤政爱国、广纳贤才，使他的臣民安居乐业、永享太平；穷人有了野心，就会不断拼搏、拼命进取，凭借坚持不懈的努力改变自己和家庭的命运；员工有了野心，就会对工作尽忠尽责、对同事团结友爱，为公司赢得更多的利润。每个人都有自己成功的目标，在通往成功的路上，野心会给你无穷的精神动力，让你更早到达成功的彼岸。

当然，女人的野心要适可而止，过度的野心会使女人被嫉妒、仇恨、心机所控制，为达目的不择手段，做出害人害己的事情。这样的女人没有任何幸福可言。我们所提倡的野心，是光明正大地与人竞争，是以实力令人心服口服的众望所归。

野心还有另一个名字，叫抱负。一个人有远大的抱负，这

难道是错？一个人想成就一番大业，这难道不是好事？野心是女人成功的基础，如果连这都没有，那成功就无从谈起。想成功，就从现在开始，做一个有野心的女人吧！

适当的压力等于动力

上司对自己的工作表现不满意，每月一次严格的业绩考核，办公室中同事的笑里藏刀……身在职场，压力无处不在。面对压力，有些人选择做缩头乌龟，逃避眼前的一切；有些人则选择变压力为动力，在工作中迎难而上，成为职场中的佼佼者。

著名心理学家罗伯尔说："压力如同一把刀，它可以为我们所用，也可以把我们割伤，关键看你握住的是刀刃还是刀柄。"那些勇于承担责任、喜欢挑战压力的人，握住的就是刀柄，尽管辛苦，却能够得到命运的垂青，走在世界的前沿，活出属于自己的精彩。

许静在一家公关公司做公关经理，工作认真负责，表现优异，负责举办了几次很大的活动，深得老板的信赖。但是，巨大的工作压力，也把她压得有些喘不过气来。

有一天，老板告诉许静，有一名国际知名的珠宝设计师要举办一次珠宝设计展，这是一个很重要的活动，到时候所有的

名门望族、成功人士都会参加，而公司就负责这次活动的公关工作。

老板说，这次活动对公司的发展至关重要，他希望许静能全权负责这次活动的公关工作。如果这次活动举办成功，公司就会为她升职加薪；但如果她做不好，就会被公司辞退。考虑到负责这次活动所要承受的巨大压力，老板让许静自己选择是否要负责这次活动。

许静陷入了两难的境地，她想负责这次活动，因为做好的话前途不可限量，但她又害怕自己做不好，到时候自己在公司多年的努力就会功亏一篑。思来想去，她还是决定采取最保守的做法，向老板表示自己能力有限，不能胜任这次的工作。

后来，公司的另外一位女同事听说了这件事情，就主动找到老板，要求承担这次的活动。工作的压力非但没让她退缩，反而激发了她的潜力，那次活动举办得非常成功，那位女同事从此扬名整个公关行业，得到了老板的重视，成了许静的直接领导。

每天看着那位女同事在公司春风得意地工作，许静就后悔不已，恨自己懦弱，不敢承担压力，结果错失了良机。

心中有所期盼，压力才会应运而生，那些让你感到有压力的事情，其实正是你内心深处真正渴望得到的东西。一味地选择逃避，你的内心期盼就一辈子都不能成为现实，它会像一块沉重的石头，重重地压在你的心底，让你感觉快要窒息。这时

候，解救自己的唯一办法，就是变压力为动力，努力实现自己心中所想，让心灵在梦想实现的过程中得到最大的满足。

面对压力，抱怨、逃避是无济于事的，战胜它的唯一方法，就是变压力为动力，让压力不再是压力。我们大家都知道，在自己擅长的领域，做起事来根本就不费吹灰之力；而对于那些自己感到陌生甚至一无所知的领域，一点小事也可能让自己痛苦难耐。压力，其实就是你的能力有待提高的证明，如果你的能力达到了一定水平，曾经招来你三千烦恼丝的棘手事情，会成为你茶余饭后一笑置之的人生趣事。

在非洲的大草原上，每当太阳升起的时候，都会出现这样的一幕：在出发前，狮子妈妈和羚羊妈妈都再三提醒自己的孩子，必须跑快一点，这样这样狮子才不会因为抓不到猎物而被活活饿死，羚羊才不会因为跑不过敌人而被吃掉。小狮子和小羚羊从小就在压力中长大，为了能活下去，它们必须每天都比昨天跑快一点，这样才不至于被饿死或吃掉。

弱肉强食从来都是千古不变的真理，有时候，逃避压力就意味着放弃生命。逆水行舟，不进则退，一味地逃避压力，其实就是人生的退化。在你停滞不前的时候，那些变压力为动力的人，早已以火箭般的速度将你远远地甩在了后面，他们的生活变得越来越轻松，而你则在更大的压力面前找不到属于自己的位置，虚度青春，白白在人间受苦。

很多成功人士在有所斩获之后，都会把取得的成就归功于

自己的对手。的确，没有压力就没有动力。有些时候，我们只有比对手更强大，才能生存下去，所以，为了不被对手消灭，我们不得不逼着自己去做自己以前想都不敢想的事情，使出浑身解数，激发出自己最大的潜力，以期把事情做到最好。久而久之，我们的能力也会越来越强。所以说，是对手给予的压力成就了我们。

对手总会给你带来压力，但这些压力可以变为你前进的动力，成为你成功的催化剂。我们在取得人生辉煌的时候，也应该感谢生命中的那些磨难，感谢生活的不幸给我们带来的巨大的压力，永远生活在安逸的环境当中，你根本就不可能知道何为成功、何为真正的满足。

聪明的人知道，压力是上天送给自己的最好礼物，是自己进步的机会。每抓住一次机会，女人的能力就能得到进一步的提高，生活也会变得更轻松一些。压力不是人生的磨难，而是根治磨难最苦的良药，有了这剂良药，我们可以将生命中所有的不可能都化为可能。

在最短的时间内做到优秀

夏欣大学毕业不久，就在一家韩资企业找到了一份行政工作，每天按时上下班，没事的时候和朋友一起看场电影、喝杯

咖啡，生活过得有滋有味。可是，过了一段时间之后，她竟主动要求调到宣传部。宣传部工作辛苦，压力大，还经常加班，待遇却和行政部差不多，对于夏欣的这一举动，公司很多同事都觉得不可思议。

在宣传部门工作两个月后，夏欣又申请调到技术部，之后又调到研发部……就这样，夏欣先后在公司所有的部门走了一圈，对每个部门的工作都了如指掌。当某个部门人手紧缺的时候，领导首先就想到由夏欣暂时替补，就这样，夏欣在公司中有了不可取代的地位。

后来，在全球经济危机的大环境下，夏欣所在的公司要进行裁员，很多员工都失去了工作，而夏欣却被留了下来。

再后来，公司有个主管的位置空缺，这时候，董事长理所当然地想到了夏欣，并将她提拔为部门经理。就这样，夏欣在最短的时间内做到了优秀，并成为公司最年轻的部门经理。

每一个初入职场的人，都希望尽快升职、加薪，在最短的时间内做到优秀，可是大部分人都在职场中碰了一鼻子灰，被同事打击、被老板批评，感觉自己前途一片渺茫。种种的磨难和不愉快，使他们渐渐对工作失去了兴趣、充满了恐惧，每天上班就像上刑场一样煎熬。长此以往，不仅他们的工作状况没有得到改善，他们自己也一直处于职场的边缘位置，时刻有被辞退的危险。

那些在职场上长期奋斗却依然得不到重视的女人可能会

想：“我才能平庸，没有社会关系，机遇也从不青睐于我，这些都是影响我事业的原因。”其实，只要你是金子，无论到哪儿，都会发光的。你不能在职场上发光发热，不是因为你才能平庸，也不是因为你没有社会关系，更不是因为机遇没有青睐于你，而是因为你没有尽自己最大的力量，没有在工作中做到最好。

想要在最短的时间内做到优秀，女人就要真心实意喜欢自己的工作。在现代职场中，女人碰到自己喜欢的工作的概率不足万分之一，在这种情况下，女人不能因为这不是自己喜欢的工作就对它心生厌烦，而应尝试喜欢它，并真心地爱上它。作为两家世界500强公司的创办者，日本经营大师稻盛和夫说：“与其寻找自己喜欢的工作，不如先喜欢上已有的工作，脚踏实地，从眼前开始。”爱上你的工作，你才能将满腔热情融入其中；爱上你的工作，即使加班你也不会觉得辛苦；爱上你的工作，成功与你就只有一步之遥。

要在最短的时间内做到优秀，女人还要成为处理人际关系的高手。在职场中行走，犹如在海中航行，拥有良好的人际关系，你就犹如在顺风中行驶，一路轻松自在；反之，你则犹如在逆风中艰难前行，稍不注意，还会阴沟里翻船。要妥善处理人际关系，女人就要学会换位思考，从对方的角度考虑问题，替对方着想；要妥善处理人际关系，女人就要学会平等待人，将不强求人作为自己行事的金科玉律，“己所不欲，勿施于

人”，尊重他人的人格和想法；要妥善处理人际关系，女人还要学会付出，世界上没有免费的午餐，天上也不会无缘无故掉馅饼，你付出多少，才会收获多少。

要在最短的时间内做到优秀，女人还要有明确的目标。荷马史诗《奥德赛》中有一句至理名言：“没有比漫无目的的徘徊更令人无法忍受的了。”没有钱，可以通过劳动去赚取；没有经验，可以通过实践去总结；没有阅历，可以一步一步去积累；没有社会关系，可以一点一点去编织。但是，没有目标，人生就永远生活在恐惧和彷徨之中，没有任何希望可言。有了明确的目标，女人做事就有了动力，就知道自己下一步该怎样走，当你做到心中有数、胸有成竹，和优秀的差距自然就越来越小。

要在最短的时间内成为职场的精英，女人需要付出很多很多，可是，“没有一翻彻骨寒，哪来梅花扑鼻香”，要成就大业，就必须克服心理障碍，吃人所不能吃之苦，行人所不能行之事。只要你下定决心，积极行动，就一定可以成为职场中的佼佼者，成为任何人都高看一眼的职业精英。

第 12 章　做一个会理财的幸福女人

现在的女性已走出家庭束缚，跃上职场当家作主，知识与财富倍增，拥有绝对独立自主的权利。至于理财观念，当然也应脱离传统旧迷思，如果现在女性还不会理财，似乎就显得有些落伍了。女性理财，可以在不影响正常生活的条件下为日后生活提供保证，甚至用钱生钱，实在是一举两得的明智之举。

理财是女人的必修课

每次去逛商场、精品店、时装店，很多女人都会兴致勃勃地试穿，像只燕子一样在试衣镜前转圈、刷卡，然后拎着大包小包冲进KFC，用一杯可乐、一个汉堡来安慰自己早已抗议的胃。这种时尚的消费方式，使越来越多的女人变成了名副其实的“月光族”。实际上，毫无节制地胡乱花钱，意味着服装店、精品店以及餐馆等商家都有权利分享你的收入，这对女人来说，实在是一件非常可悲的事情。

一个女人以自己的时间精力挣钱，充其量只能维持基本的生存条件，要发展，还得把眼光放在“钱生钱”上，在收入和产出之间获得收益，否则，套用一句俗话：即使你浑身是铁，又能打几根针呢?

你不理财，财不理你。在现实生活中，的确是这样，如果我们不会管理自己的钱，不给自己制订一份理财计划，就会在遇到风险的时候没有一点抵抗能力。作为一个时尚女性，你一定要学会理财，做到合理适度地消费，有目的地积累自己的人生财富，让自己以后的生活过得更轻松。

李曼研究生毕业后，幸运地进入一家外资企业从事市场调研工作，尽管每年的薪水收入均在10万元以上，但3年下来，她竟然没有存下一分钱，因为她一直坚信自己的男朋友永远不会背叛她，会一辈子对她好。所以，每个月领了工资后，她就只给自己留下2000元的零用钱，然后豪爽地将所有的钱都交给男朋友。

结婚一年后，老公向李曼提出了离婚，并且没有给她留下任何东西，甚至包括她本人所有的存款在内。这时候她才发现，原来自己没有给自己留下一丁点后路。

离婚时丈夫说："我无法让自己和一个不会打理家庭财务、头脑简单的女人过一辈子！"这句话，深深刺痛了李曼。

离婚后的李曼，用第一个月所有的工资报名参加了一个理财培训班，在每周两节课的时间里，李曼恶补了许多关于做好家庭理财的知识和理念，最主要的是还认识了许多在理财方面有着丰富经验的朋友。

上完培训班的课程后，李曼不再有被抛弃的伤害和迷茫，她学会了自强、学会了理财，最主要的是她明白了朋友的一句话：现代社会里，所有的女人都必须了解，除非你有意识地创造金钱

并拥有它，否则没有任何财务会进入你的生活里，而一个连这种意识都没有的女人，是不可能有安全感的，更不用说自信了。

后来在朋友的帮助下，李曼开始接触股票、基金等多种投资产品，由模拟训练到实际操作，由生手到熟手，一路下来，她享受到了理财的快乐，并在投资理财中找到了久违的自信，感觉生活从来没有像现在这样踏实和有成就感。

有些女人寄自己一生的幸福于男人身上，她们认为只要嫁个好老公，一生就有了依靠。可是，婚姻就像一场赌局，嫁一个疼你爱你又有经济实力的男人，你会得到幸福；而嫁一个背叛爱情、背叛婚姻的男人，你的幸福可能会因此而葬送。求人不如求己，任何一个人都没有自己可靠，与其将幸福压在可能会输的婚姻上，还不如学会理财，掌握幸福的主动权。

理财是一个全面的概念，从家庭的柴米油盐到婚丧嫁娶，从孩子的教育经费到父母的养老费安排，从家庭的重大投资到家庭的安全保障等。将有限的钱财发挥出最大的效用才是理财的真谛。男人也许会成为家庭经济的有力来源，但女人在理财上更具优势。

女人天生就比较细心，而且家里的一些日常开销一般都由女人经手，所以女人的理财计划一般更有针对性。理财一定要根据家庭的实际情况，如财务状况，能承受的风险等，合理确定适合自己的理财方式。既要保证日常的生活不受影响，还要在有节余的情况下把闲钱用来升值，投资几项自己熟悉的理财产品，如基金、股票、保险等，让自己钱流动起来不贬值。

此外，很多女人全身心投入到工作中，很难分身出来亲自打理自己的资产。这类女人适合走专家理财的道路，让专家帮你打理资产，让资产增值。现在各家银行都开始配有对私业务的专职经理，比如，有的银行设有专门的理财规划室，推行一对一的专人服务，针对个人家庭资产情况进行合理组合，保证效率和提高针对性。

现代女性在社会中所扮演的角色，毫不逊色于男人，生活的重担、工作的压力，迫使女人不得不做一个理财高手。学会了理财，你和丈夫就不会因为金钱而产生矛盾；学会了理财，你们全家人的生活质量都有了保证；学会了理财，你就不会有亲人有难自己却无能为力的挫败感。女人，会因为理财而受益终身。

女人就像花朵，而理财则是她生命中的阳光，长在阴寒之处的花朵可能会开放，但永远都不可能开得娇艳。不会理财的女人，可能会被金钱所累，失去应有的幸福。要想让自己的生活永远都是阳光普照的灿烂日子，女人就一定要让自己变成一个理财高手。

有财力，才更有魅力

女人可以不漂亮，但不可以没有魅力，最令人难忘的女人，

不是漂亮的女人，而是有着自己独特魅力的女人。真正有魅力的女人，集温柔、高雅、气质、幽默、情趣等于一身，她衣着得体、质朴自然、谈吐不俗，内心浪漫，个性活跃却不张扬，这样的女人，如一坛醇酒，愈久弥香，让人陶醉，让人回味。

可是，女人追求魅力也是需要资本的，大街上一直向人摇尾乞怜的女乞丐，是没有魅力可言的；整日嚷嚷着要男朋友为自己买礼物的女人，也是没有魅力的。虽说财力和魅力没有必然的关系，但是，女人有财力，在社会、家庭中才有地位，才有谈论自尊和自信的资本，要做一个有魅力的女人，经济上一定要独立，要有自己的财力。

有财力的女人才会有更大的自由。想买书的时候买书，想买衣服的时候买衣服，从不考虑价钱，只要是自己喜欢的东西就能买得起，这就是有财力的女人的魅力。她们花钱的时候通常很潇洒、很大方，因为她们有足够的经济能力，这也使得她们可以尽情发挥自己的个性，比别的女人更多一份超然和洒脱。靳羽西就是这样的自由女人。

作为“中国化妆品的皇后”，不能不说靳羽西是成功的，她的言谈举止无不流露出迷人的魅力。可是，靳羽西的魅力，是有财力做基础的，倘若她没有财力，只是一个向丈夫伸手要钱的女人，那还有什么自由、魅力可言？一个经济不独立的女人，永远不可能成为一个令人回味无穷的魅力女人。

瑞秋是小镇上最有钱的女人，她的爸爸生前做房地产生意，

去世后给她留下了一大笔财产。虽然很有钱，但瑞秋身上完全没有有钱人的那种恶习，她心地善良，总是帮助小镇上的人。

已经八十二岁的詹姆森得了盲肠炎，却没钱动手术，瑞秋就给了他一千美元治病；莫妮卡的丈夫去世了，只剩下她和六岁的女儿相依为命，生活十分拮据，瑞秋每月固定给她们一百五十美元做日常开支；三十四岁的杰克失业了，一家人没有了经济来源，连房租都快付不起了，瑞秋给了杰克二百美元渡过难关……无论是谁，只要有困难，瑞秋就会无条件地帮助他渡过难关。

小镇上有个特殊的风俗，就是每年都会在圣诞节那一天评出最有魅力的女人，所有的女孩，都会在这一天暗暗祈祷自己可以得到这份殊荣。圣诞节又到了，小镇上所有的人都将自己心目中最有魅力的女人的名字写在纸上投进了投票箱里，结果出来了，瑞秋以绝对的优势夺得了最有魅力女人的桂冠。对于这个结果，所有的人都鼓掌表示赞同，因为当瑞秋向他人伸出援助之手的时候，她的魅力已经永远地定格在了他们的心中。

没有财力，瑞秋就不能帮助小镇上的人，不帮助小镇上的人，大家也不会选她做最有魅力的女人，瑞秋的魅力，与她的财力是密不可分的。金钱是女人追求魅力、帮助他人的前提条件，如果没有钱，即使有心，女人也只能爱莫能助。

魅力的修炼是需要金钱买单的，要想成为魅力女人，就要从内到外经营自己：阅读书籍、每年旅游、持续健身、定期美

容、翻看时尚杂志、了解最流行的化妆美容趋势、进电影院看电影……这些都是魅力女人的必修课，但如果没有一定的经济基础，女人又如何完成这些课程呢？女人要有财力，才更有魅力。

一个没有财力的女人，在家中不会有多高的地位可言；一个没有财力的女人，整日为生计发愁，根本无暇顾及自己是不是有魅力；一个没有财力的女人，做任何事都要考虑是不是可以，因为她没有多余的钱做很多的事；一个没有财力的女人，当亲人需要帮助的时候，即使心如刀割，她也无能为力……这样的女人，根本不知道何为魅力，我们又怎么能期望她成为一个魅力女人呢？

金钱是女人追求魅力的根基，无论是已婚还是未婚，女人一定要保证自己的经济收入，在任何时候，都不能拔掉自己追求魅力的根基。失去了魅力，你就失去了光彩，眼前所拥有的幸福也会离你越来越远。

做个精明的消费潮人

现在的商家都知道一个真理：女人的钱最好赚。在商场里面转一圈，柜台上琳琅满目的商品，大多都是为女人准备的；而天生喜欢购物的女人，总是按捺不住心里的冲动，轻易地将大包小包的商品拎回家。当女性成为消费主体的时候，女人自

然也就成了消费潮人的代名词，有消费的地方就有女人，有女人的地方就有消费。

女人购物，本来无可厚非，但是，如果将自己辛辛苦苦赚来的钱统统花在购物上，那就大错特错了。有些女人可能会委屈地叫道："我也不想把钱全奉献给商场啊，可是每个月的工资就那么一点，物价又一分一秒地猛涨，我也是没有办法啊！"对于这样的女人，我只能感叹一个"笨"字。一个精明的消费潮人，总能以最低的价格买到最好的商品，工资不仅够花，还有富余做其他的事情。女人一定要学会做一个精明的消费潮人。

姜玉打扮时尚，生活非常讲究，是公司里有名的消费潮人，她的每一件新衣服、每一个新发型都会成为公司女同事津津乐道的话题。在大家看来，她就是一个将每月的工资都用在购物上的"月光族"。

后来，姜玉和男朋友要结婚了，她竟拿出了10万元付房子首付。所有人听到这个消息的时候，都不相信如此热衷于消费的姜玉可以有这么多的存款，于是忍不住向姜玉去求证。出乎他们的意料，姜玉说自己确实有10万元的存款，而且那10万元都是自己最近几年挣的，里面没有家里支援的一分钱。

然后，姜玉告诉大家，虽然自己喜欢购物，但是她每个月购物的钱根本就不到自己工资的一半。在所有人不相信的眼神中，她说，自己每次去购物之前都会列个清单，该买的东西她

会买，但是不该买的东西她是绝对不会花一分钱的；她穿的衣服，虽然都是名牌，但是都是商场打折的时候买的；她还有记账的习惯，对于自己的花出的每一份钱，她都能说出出处。尽管看上去很时尚，但姜玉真的没有将所有的钱都花消费上面。

现在，大家总算是见识到了姜玉的厉害了，不禁对她竖起了大拇指，姜玉不仅是个消费潮人，还是个精明的消费潮人啊！

要做一个精明的消费潮人，其实并不难，只要掌握了精明消费的招术，就能用有限的资金轻松地走在时尚前沿，尽情地享受生活。

1. 决战商场

信用卡是女人花钱如流水的祸根，但只要合理利用起来，你也可以从中得到不少的实惠。现在，各大银行和一些人气很旺的商厦都有合作，女人可以利用这些活动为自己省钱。比如现在中国银行有个活动：在百盛刷中行卡，满200元可送1000积分，要知道百盛的1000积分相当于20元呢，这样算下来相当于变相地打了9折。通常情况下，银行会将这些优惠活动发到手机或是邮箱里，你可千万别把它当垃圾信息删除了。

2. 网购轻松省钱

在网络飞速发展的今天，“网购”已经成为一种耳熟能详的消费方式，只要点点鼠标，很快便会有快递将物品送至家门口，既省时又省心。

衣服、鞋子、牙膏、玩具、按摩仪器……只要是女人们

能想到的东西，网上统统都有，而且价格通常比实体店中低很多。精明的消费潮人，在商场里看到自己喜欢的东西时，不会冲动地立刻买下来，而会把货号记下来，回家之后再在网上查找。

3. 不盲目崇拜品牌

对女人而言，品牌是一种身份的象征，所以，尽管对品牌的追求可能会令自己倾家荡产，但很多女人还是不厌其烦地站在名牌商品的柜台前，心甘情愿地将自己的腰包掏空。

实际上，品牌消费品的大部分资金都用在广告方面，真正用于提高产品质量的，只占很少一部分。所以，不如用同样的钱买同样质量的商品，毕竟品牌和非品牌之间的价格往往相差好多倍。

4. 学会理财

现在，越来越多的女性投入了理财大军当中，理财也成为一个时髦的字眼。女性将自己的一部分收入用于保险、股票、基金等投资方式，这对于年轻人来说，确实是用钱生钱、预防未来风险的一个有效途径。

把钱花在刀刃上

在现实生活中，很多年轻的女性白领都曾经或正在扮演“月

光女”的角色，可以月入斗金，也可以月出斗金，她们崇尚提前消费的生活方式，根本不顾及今后的人生需求。女人年轻的时候，可以尝试各种各样的生活方式，但随着年龄的增长，有没有一份固定且可观的积蓄，决定着下半生的生活是否幸福。

对于“月光女”来说，应学会把钱花在刀刃上，强迫自己储蓄，零存整取储蓄、定额定期开放式基金以及每天计息的货币市场基金，都可以成为“月光女”储蓄的方式。生活有了保障，女人才有幸福的可能。

林绍良是印尼首富。关于理财，他有自己独到的见解，那就是：“钱要用在刀刃上。”虽然目前已是身家超过70亿美元的商界大鳄，但林绍良从不炫富，为人十分节俭，从来不乱花一分钱。正是因为他把钱都用在了该用的地方，所以他的公司才遍布世界各地，而且涉及70多种行业。

孙佳在北京一家国企做行政人员，月薪近万元，无疑是高收入群体中的一员。可是，高收入顶不上高消费，孙佳是商场的常客，而且买东西一律都买最好的，一些可有可无的商品，只要喜欢，不管是不是真的需要她都会毫不犹豫地买回家。再加上她天生爱玩，时常和朋友一起穿梭于娱乐场所，她每个月的工资基本刚够日常开支，根本就没有一点积蓄。

作为北漂中的一族，孙佳一直都希望能在北京有一套房子，可北京房价的长年居高不下，一直令她望而生畏。孙佳有一个十分要好的朋友，近几年做生意挣了不少钱，想换一套比

较大的房子，所以决定将自己位于三环的房子低价出售，问孙佳有没有兴趣。朋友出的价格比市场上的房价低很多，孙佳简直不敢相信有这么好的事情。可是，孙佳存折上的数字实在是少得可怜，即使房子很便宜，她还是买不起，只能眼睁睁地看着别人捡了这个大便宜。

看着朋友将房子钥匙交给了新的屋主，孙佳的肠子都悔青了，后悔自己平时乱花钱，到关键时刻，竟拿不出一分钱。她在心里暗暗发誓，以后挣的每一分钱，她都要花在刀刃上。

所谓“人无远虑，必有近忧”，平时没有计划，到真正用钱的时候，就只能傻眼了。女人的大部分钱，其实都花在了没有意义的东西上面，如果将这部分钱累积起来，可以做很多有意义的事情，让生活更加多姿多彩。

女人在挣钱的同时，也要学会花钱。那怎样才能做到既省钱又能把钱花到“刀刃儿”上呢？下面教你一些小高招。

1. 控制自己的购买欲

女人都有这样的体会，明明自己不需要这件商品，却还是控制不了心中的购买欲望，一冲动就打开钱包。可买回家之后，看着它一直原封不动地躺在角落里，心里又懊悔得要死。

想有效控制自己的购买欲望，女人可以在逛街之前先在脑子里盘算一下急需购买的东西，用笔记下来，然后有目标地选购；对打折的物品或大甩卖、大减价的商品，女人购买之前一定要三思，不要因为价值便宜就头脑发热盲目抢购；意志比较薄弱的女

人不要陪同朋友购物，因为，这种人在陪购的同时，往往经不住商品的诱惑，朋友还没动心，自己反倒购回一堆不需要的东西。

2. 换一种方式享受生活

新拍的大片确实吸引人，但电影院的票价太高了，虽说效果好，但想来想去还是算了。在家看也一样，而且随时随地想看就能看，想看几遍就能看几遍，还不用花一分钱。

K歌的时候尽量不要在黄金时段去，这样既能享受到优质的服务，又能节省一笔不小的开支。

另外，像有些百搭的衣服，不一定非要在当季买，在换季或者打折的时候去买，更便宜。总之，钱是省出来的，把钱花在刀刃上，我们的生活才会变得更有意义。

3. 不要忽视小钱

平时的一些小钱，虽看上去不算什么，但长期积累下来也是一个不小的数字。假设你从每个月的各种开支中节省100元，一年就是1200元，十年就是12000元。将这些钱用于投资，五年之后，它就可以变成五万甚至十万。所以，小钱虽少，却千万不能小看它，将其善加利用，你会得到意想不到的实惠。

品味生活，从节俭开始

著名的船商、银行家出身的斯图亚特曾经有一句名言，他

说：“在经营中，每节约一分钱，就会使利润增加一分，节约与利润是成正比的。”

也许是银行家出身的缘故，他对于控制成本和费用开支特别重视。他一直坚持不让他的船长耗费公司的一分钱，他也不允许管理技术方面工作的负责人直接向船坞支付修理费用，原因是“他们没有钱财意识”。因此，水手们称他是一个“十分讨厌、吝啬的人”。即使他建立了庞大的商业王国，他的这种节约的习惯仍保留着。

一位在他身边服务多年的高级职员曾经回忆说：“在我为他服务的日子里，他交给我的办事指示都用手写的条子传达。他用来写这些条子的白纸，都是纸质粗劣的信纸。而且，如果是写一张一行的窄条子，那么他会把写好字的纸撕成一张张条子送出去，这样的话，一张信纸大小的白纸也可以写三四条‘最高指示’。”一张只用了五分之一的白纸，不应把其余部分浪费，这就是他“能省则省”的原则。

节俭，可以令事业进入良性循环的轨道；节俭，可以令家庭永无后顾之忧；节俭，也可以使人变得更加睿智。无论你是百万富翁还是普通工人，是高级白领还是商场售货员，你都应该学会节俭，让节俭成为自己的一种习惯，让生活因为节俭为变得更加幸福和快乐。

当然，节俭绝不是吝啬，像铁公鸡一样一毛不拔、一分钱也舍不得花，而是尽量节省开支、合理消费，把钱花在该花的

地方。在生活中，时刻作好未雨绸缪的准备，因为谁也不知道明天会发生什么。

人的欲望是无止境的，如果我们不学会节俭生活，就算我们挣再多的钱，依然会觉得手头不宽裕，该用钱的时候拿不出钱来，既让自己过得很狼狈，也不能给家人提供必要的物质保障。千万不要做“月光族”，没有一点储蓄概念，这样是对自己的不负责任。而且，某种程度上，钱可以给我们带来一定的安全感，钱越多我们能做的事情的就越多，也就越自由。

现代社会，很多人都不能免俗地背上经济包袱，成了铁杆的房奴、车奴。想想自己所面临的经济形势，女人最好还是学会节俭。与开源相比，节流容易得多，你无须失去与家人朋友相处的时间，也不必将生活质量放低，只需要掌握一些小小的技巧，你就能用更少的钱过更有品位的生活。把时间和金钱用在那些真正想要并且物有所值的东西上，而不要浪费在没用的地方。一旦我们做到了这一点，就会发现：节俭，其实是件快乐的事情。

试着做个账本，明确每月花销的来龙去脉；把每月逛街刷卡的次数减半；本着能坐车就不打车、能步行就不坐车的原则，在环保的同时又达到了减肥的目的；把呼朋唤友的外出聚会，部分替换成温馨的家宴；上班路上，可以在你的私家车里捎上几位同路人，省了油钱也方便了别人；喜欢吃的菜自己动手做一做，不必总麻烦饭店大厨。

女人节俭，不仅是为了自己，也是为了爱你和你爱的人。只有有了积蓄，你才不会在意外面前惊慌失措；只有有了积蓄，你才不会有家人有难自己却无能为力的挫败感；只有有了积蓄，你才能给孩子最好的教育；只有有了积蓄，你才可以为家人提供一生的保障。金钱的意义不是简单的几个数字，而是人类生活的基本条件，钱不是万能的，但没钱是万万不能的。

当你开始对节俭身体力行的时候，你就会变得更加睿智、深刻并富于远见。不善思考的人就好似野蛮人一样，丝毫也不关心明天会怎样。真正的聪明人则总是想得很远，他们为自己的一生作好了规划，为亲人的生活作了安排，为将来的一切提前筹划好了应对之策。他们深深知道：人生最大的智慧，就是将自己的一生掌握在自己手中。

从今天起，女人要改变完全没有计划的日子，好好地“算计”一下自己吧。到时候你会发现，不仅腰包的银子能节省下来，少了入不敷出的尴尬，你也多了很多理财的选择，更重要的是，你的生活还是一如既往的有滋有味。

第13章　女人要做好贤内助

“男人靠征服世界征服女人，女人靠征服男人征服世界。”女人要征服男人，一味在家伸手要钱、卖弄风骚是绝对不可以的，能够成为男人背后伟大的女人才是最重要的。女人做好贤内助，阿斗也可被扶上皇帝的宝座，而且，待他成就一番大业之后，他绝对不敢轻易抛弃糟糠之妻，女人则可以安心坐稳中宫宝座。

为你的丈夫充电加油

爱葛莎和丈夫结婚后不久，丈夫所在的公司就进行了一次大规模的裁员，很多员工都被解雇了，其中也包括她的丈夫，家庭顿时陷入了经济危机当中。刚失业的时候，丈夫只是做一些简单的体力活动，每天只有3美元的收入。

如果这时候爱葛莎对丈夫抱怨，那也不算是什么过分的事，可是她没有这么做。爱葛莎一直坚信自己的丈夫能够取得成功。她先是自己找了一份工作，然后毅然地挑起了养家的重担。爱葛莎对丈夫说：“亲爱的，你现在还年轻，有很多东西都需要你去学习。放心吧，我的收入足以维持我们的生活了，你放心地去学习吧，我坚信有一天会用到这些知识的。”

事实证明，爱葛莎的决定是正确的。丈夫先去夜校学习法律和会计，后来又到一所大学的夜间部进修法律。如今，丈夫真的取得了成功，他的薪水已经是过去的十几倍了。

实际上，每个男人都和爱葛莎的丈夫一样具备成功的素质，关键看他的妻子是否配合。美国家庭问题专家曾列出了十项妻子最令丈夫难堪的“挑衅性言行”，其中第一项就是责怪丈夫无用，经常埋怨他的收入少，敦促他设法多赚钱。当丈夫的事业陷入低谷的时候，他最需要的就是妻子的理解和支持，这时候，女人不可给他太大的压力，而应该鼓励丈夫学习更多的知识，用知识武装好自己之后，再在事业上一展宏图。

丈夫的成功与妻子有很大的关系，妻子的支持可以成为丈夫不断学习的动力，而妻子的反对则有可能动摇丈夫学习的决心。遗憾的是，现在很多妻子都不明白这个道理，她们注重眼前利益胜过长远利益，为了眼前小利让丈夫放弃学习的机会，最后耽误了他的前程。

还有些女人，认为自己的丈夫已经很成功了，不需要再充电，这种观点是大错特错的。一个男人，如果他只满足现状而不思进取，那早晚有一天会被社会淘汰。人要在社会中立于不败之地，就要不断学习、与时俱进，永远站在时代的前沿。当丈夫有学习的自觉的时候，妻子要全心全意地支持他；但如果他没有这种自觉，妻子就有责任唤醒他的危机意识，让他为将

来可能产生的风险提前作准备。

穆言在一所学校教学，有一份稳定的工作，还有一个漂亮的妻子，他对自己的生活很满意。可是他的妻子周璨总觉得自己的丈夫应该有更大的抱负，于是鼓励丈夫考研究生。穆言心想，如果真的能考取研究生，那前途一定比现在很好多，所以决定试一试。

为了让丈夫安心考研，周璨将家务、教育孩子等工作都揽到了自己身上，从不为任何事打扰丈夫读书，每天还变着花样为丈夫补充营养。在周璨的悉心照料下，穆言如愿考上了国内一所名牌大学的研究生。

三年后，在丈夫即将研究生毕业的时候，周璨又鼓励穆言读博士，因为，按照当时的情况，穆言读完博之后可以直接留在学校做大学讲师。于是，在妻子的支持下，穆言又开始读博了。

博士毕业后，穆言如愿留在了学校任教，渐渐地由讲师升为教授，再到研究生导师。现在，穆言成了学校的教学骨干，经常代表学校到国外进行交流。

一个支持丈夫不断充电的女人，一定会很辛苦。因为，在丈夫无暇顾及家庭的情况下，她只能毅然挑起家中所有的重担，这就是为什么说一个成功男人的背后必定有一个伟大的女人。作为妻子，就算这个伟大的女人不好做，你也要坚强地挺下去。要知道，你的付出是为了成就你的丈夫，是为了你们将来能有一个更加美好幸福的生活。

对于一个家庭来说，女人是水，男人是舟。“水能载舟，亦能覆舟。”真正的好妻子能够让落魄的丈夫勇于面对困难、迎接新挑战、不断学习。困境中一句温暖的鼓励、一个支持的眼神，都会让男人感激你一辈子、爱你一辈子。

让他感到自己很重要

当事业受到挫折的时候，男人通常都会变得很自卑，还会对自己的能力产生很大的质疑，这个时候，作为妻子，你除了安慰他，给他信心，还要坚定地告诉他，在你眼中，他永远是最优秀、最棒的，这个家没有他不行，你没有他不行。就算你能力很强，根本不需要丈夫的帮忙，也要刻意地制造出一些机会让丈夫表现，在他忙碌的时候，递上一杯热茶，顺便再夸夸他，让他感到自己很重要，这样你们的婚姻生活才会更幸福。

威廉·詹姆士说过：“人类本质里最深远的驱动力是希望具有重要性，人类本质中最殷切的需求是渴望得到他人的肯定。”愚蠢的妻子经常对丈夫说出“你算老几”“你算个什么东西”“你说的话分文不值”“你不过是个普通人”等诸如此类的言辞。这些话，无疑是对男人的否定，也是家庭悲剧的

根源。

在婚姻生活中，有一个非常有趣的现象，男人的自我评价大部分来自妻子对他的看法。如果妻子说他经常不守时、不懂得理财或者穿着邋遢，那么丈夫在某种程度上就会相信自己是这样的人，因为他相信妻子是这个世界上最了解自己的人，她的说法不会有错。如果妻子对丈夫说你很重要，那丈夫就会在潜意识当中更加看重自己，并在不知不觉中承担起重要的角色。

丈夫是家中的主心骨，对丈夫重要性的肯定可以促使他在事业上更加努力，在生活中更加疼爱妻子和孩子，使婚姻更加幸福美满。然而，在现实生活中，很多妻子都没有意识到这一点。当生活不能达到自己的目标时，她们就会埋怨丈夫无能，抱怨丈夫一无是处。在这种老婆的精神打压之下，男人会变得越来越没有自信，对工作、生活都提不起兴趣，更别说改善生活质量了。

男人最大的满足，就是得到自己心爱的女人的赞美，一个聪明的妻子，会让丈夫知道自己的重要性，让他在自我肯定中重拾信心，积极地投入到工作和家庭生活中去。这样做，既能增进夫妻间的感情，又能唤醒丈夫的对家庭、对社会的责任感，实在是一举两得的做法。

罗宾在一家报社做记者，说实话，他真的不适合这份工作，因为他性格内向，有些害羞，而且缺乏自信。每天早晨，罗宾都皱着眉头起床，然后苦着一张脸吃早餐，接着又很沮丧地离开家门。对他来说，生活不是享受，而是一种痛苦的折磨。

终于有一天，罗宾再也忍不住了，吃饭的时候，他对妻子说：“亲爱的，我是不是真的很没用？我觉得自己活在这个世界上简直就是多余的。”妻子看了看他，回答说：“我不知道是什么原因导致你产生这种想法，但我从来没有这样认为过。罗宾，我一直以为，你是世界上最棒的人，你写的那些稿子让很多人知道刚刚发生的事实，也正是因为你的努力，我们一家才能过着非常殷实的生活，你是我心目中的英雄。”

第二天，罗宾起床以后，发现妻子已经上班去了，但是床头留了一张字条，上面写道：“亲爱的，你要相信自己，我一直都认为你是最重要的。”

从那以后，罗宾再也没有感到痛苦过，因为他知道自己对于家庭和社会是很重要的。他不再害羞，也不再害怕，对工作和生活充满了信心。如今，他已经做到了报社主编的位置，这一切，都要归功于他的妻子。

如何让丈夫觉得自己很重要呢？对此，妻子的赞美是最有效的武器。当丈夫将坏了的电视机修好的时候，妻子要说：“亲爱的，你真棒，没有你，我真不知道怎么办。”当丈夫教会儿子一道数学题的时候，妻子要说：“还是你有办法，我拿孩子真是一点辙都没有。”当丈夫解决了家庭面临的困难时，妻子要说：“老公，你就是咱们家的顶梁柱，这个家没有你不行啊！”

此外，家中任何事都要征求丈夫的意见，千万不要擅作主张、越俎代庖。有些女人认为，自己的事情自己做主就可以了，无须和丈夫讨论，甚至觉得自己考虑事情比丈夫更加全面，妄图替丈夫作决定。没有一个男人喜欢这种被忽视的感觉，长此下去，丈夫一定会认为自己对妻子来说是一个无关紧要的人，乃至对婚姻、对生活失去信心。

一个好妻子，会告诉丈夫他是自己最坚实的依靠，是孩子学习的榜样，是父母最大的安慰，是这个世界上最重要的人，没有他，整个世界都会塌陷。这种肯定，是对男人最大的赞美，当女人这样说的时候，男人会想要把全世界都给女人，并真的做出很重要的事情。要时时刻刻让你的丈夫感受到他很重要，你没有他不行。

成为丈夫的避风港湾

男人和女人在一起到底是谁依靠谁多一点，谁把谁当作自己的避风港？在传统的观念里，男人是女人的避风港，男人要为自己心爱的女子遮风挡雨；但实际上，女人又何尝不是男人的避风港呢？

女人面前，男人也是弱者。女人受委屈，可以找妇联、找报社；男人受到委屈，可以到哪里诉苦？中国人总认为男人比

女人坚强，男人应该承受所有的压力，其实男人有时更脆弱、更需要理解。

男人也有眼泪，只是不会轻易流出来，因为他们不想让别人看到自己脆弱的一面，更不想让别人瞧不起自己。尤其在心爱的女人面前，男人一向都以强者的形象出现，就算他在外面受再多委屈，为了不让女人跟着自己担惊受怕，为了给家人安全感，他也会把眼泪独自吞下去，一个人默默承受所有的一切。

所以，作为妻子，当你看到自己的丈夫不高兴或者心情不好的时候，你除了要从生活上更加关心体贴丈夫，还要从言语上抚慰丈夫。你要给丈夫信心，让丈夫把烦恼的事情说出来，两个人共同商量解决，解决不了再想其他办法，不要把所有的事情都让男人一个人扛。

欧辰是一家公司的总裁，事业越做越大，钱挣得也越来越多，而他与妻子的感情也与日俱增。在接受记者采访时，他幸福地说："都说男人是女人的避风港，但对我而言，妻子才是我永远的避风港湾。"

和妻子相识时，欧辰只是一个刚入社会的毛头小子，什么也没有，不能给妻子任何物质上的安慰。可妻子不介意，义无反顾地和他走进了婚姻的殿堂。

婚后，他们的生活很拮据，可妻子从来都没有抱怨过，总是温柔地对欧辰说："我相信，总有一天，你会干出一番属于

自己的事业的。”在妻子鼓励下，欧辰的事业开始走上坡路，他们的生活也渐渐变得富裕起来。

有了足够的经济能力之后，欧辰心疼妻子每天做家务，所以就提议请一个保姆，可是妻子坚决不同意，她说想亲自为欧辰料理一切。

现在，因为工作的关系，欧辰总是很晚才回家。可无论多晚，妻子都会等着他回家，为他做夜宵、放洗澡水。这时候，无论工作中遇到了怎样的麻烦，欧辰都会觉得自己是幸福的。在他心里，妻子是自己最温馨的港湾，只要妻子陪在身边，他就有勇气克服一切困难。

妻子是要与丈夫携手一生的那个人，妻子的理解、支持和肯定，就是男人不断拼搏的动力。家中有一个善解人意的妻子，有一个肯为自己倾尽所有的女人，男人就找到了归宿，找到了心灵的避风港。

男人出外拼搏，受委屈碰钉子是在所难免的，他伤痕累累地回到家中，妻子若能用自己的温柔和甜言蜜语哄丈夫开心，让他把那些烦心的事情很快都忘记，他就能重新回到快乐自信的生活当中。这时候，女人就是男人精神上的寄托，是他可以倾诉、可以寻求安慰的对象。只要有你，男人即使再苦再累，心里也是甜的。

晚上，当丈夫提着公文包一身疲惫地走进家门，身为妻子的你，是否能为丈夫准备一杯热茶和一顿可口的晚餐，然后把充满倦意的他引进灯光幽暗、热气蒸腾的浴室，享受一场充满柔情的泡泡浴？许多人不了解，丈夫也需要妻子的娇宠与疼爱。假如妻子主动为心爱的丈夫设计一场充满温情的夜生活，显然会给丈夫带来无法言喻的欣喜和甜蜜感。

当劳累一天后休息的时候，男人都希望能放松每一根神经。只有在家里，他才能完全释放负面能量，因为家里有一位善解人意的妻子，她不会把她自己的困扰加在他已经疲惫不堪的身上，也不会替他制造一些新的困扰。相反，她恢复他的能量，修护他的精神，愉快他的感情，使他在第二天早晨又充满精力和热忱，有更好的精神面对这一天的工作挑战。

然而，某男性健康杂志的专项调查显示，72%的男人表示时常会感到生活很累，有无奈感；67%的男人在生活中没有经常性的倾诉；约有一半左右的男人对自己的婚姻生活不满意。在现实生活中，大多数女人都把丈夫定位为自己依靠的对象，忽视了男人也有脆弱的时候，男人也希望受伤时能有人为自己治疗伤口。这个心灵上的缺口，造成了家庭中的许多矛盾，也成为许多家庭破裂的主要原因。女人想要守护自己的家，想和自己心爱的人白头偕老，就要学着做丈夫心灵上的避风港，舔舐他所有的伤痛。

男人需要的，不是女人像侦探一样每天研究他的生活，他需要的是女人轻松而甜蜜的怀抱；男人希望在自己累了的时候还有女人这样一个港湾，可以停靠一下。在自己所爱的女人

怀里，男人就如同是一个小孩，尽情享受爱的滋润。一个称职的妻子，会成为丈夫的避风港湾，成为一个令他感到幸福的女人。

对丈夫的身体健康负责

身体是革命的本钱，也是幸福生活的基础。尤其是丈夫的身体健康，几乎直接关系到一个家庭的兴衰成败。作为妻子，你一定要清醒地认识到一点，丈夫健康的身体才是这个家最大的财富。所以，我们一定要悉心照顾好丈夫日常的饮食起居，让丈夫有一个好身体。

人生在世，没有健康的身体、愉快的心情，一切都免谈。一个有气无力、无精打采的男人，他就是有心疼爱老婆，也没有状态和精力啊！作为一个妻子，你要勇于负担起照顾丈夫身体的责任，像爱惜自己一样爱惜丈夫的身体。

林风是一家不动产代理公司的财务主任，每天都有忙不完的工作，他经常会在晚上带回一整堆的文件，加班到深夜。由于太过劳累，林风的身体状况开始下降，整日无精打采，一副有气无力的样子，甚至连饭量都有所减少。

针对这种情况，他的妻子白静提出了一个建议，就是让林风每天提前休息一小时。起初林风不同意，但拧不过白静的坚持，只能同意了。过了一段时间之后，林风的身体状况明显好转，每天都精神抖擞、心情愉悦，工作效率也有所提高。这时，林风终于体会到白静的良苦用心了，心中又对她多了一丝怜爱。

有了健康的身体和较高的工作效率，林风有更多的时间和白静相处了，他每天不慌不忙地和妻子享受一顿美味的早餐，陪妻子看一场浪漫的电影，还会牵着妻子的手一起去散步，两个人的生活越来越甜蜜了。

丈夫的身体，永远都是妻子最甜蜜的负担，关系到家庭的幸福。让丈夫在你的细心照料下拥有健康的身体，相信这会是丈夫的骄傲，也会是你的骄傲。想要照顾好丈夫的身体，女人可以从以下几个方面着手。

1. 合理膳食

有一次，美国科学促进协会在圣路易召开了一次会议，一位资深的教授说了这样一段话："战争是人类最可怕的灾难，人们对它的恐惧胜过一切。然而，有一个事实是非常可怕的，那就是实际上死在餐桌上的人要远远多于死在战场上的人。"

长期的饮食不当，使很多男人成了胃病的受害者，老公有胃病，老婆有不可推卸的责任。对胃的保养原则是饮食定时定量，多吃软、烂、加工细的食物，还要限制老公喝浓茶、烈酒、咖啡的量，督促其戒烟戒酒。

每一位合格的妻子，都应该是一个"杂家"，对每种食物的性能都有所了解，并结合丈夫的体质制订适合他的饮食计

划，让他合理饮食，在吃中找到健康。

2. 鼓励丈夫多做运动

生命在于运动，适当的运动能够调节紧张情绪，改善生理和心理状态，恢复体力和精力。晚饭之后，妻子可以拉丈夫去散步，并在休假的时候约老公一起去爬山，让他在运动中永葆健康。

很多男人工作十分忙碌，根本就没有时间运动，这时候，妻子一定要使出浑身解数，让丈夫参加到运动大军中来。即使刚开始的时候他并不喜欢这样，但当他开始从中受益的时候，会疯狂地爱上运动，也会更加爱你。

3. 保持愉悦的心情

“笑一笑，十年少；愁一愁，白了头。”愉快的心情，是让人身心健康的最好的天然补药。男人在外工作，一肩挑起家中的重担已经很辛苦了，这时候，如果妻子还整日唠唠叨叨、对他们挑三拣四的，那男人肯定会十分郁闷，身体状况也会受到影响。

当男人拖着疲惫的身体回家的时候，妻子要明白，所有的一切，都没有他的一个微笑重要。如果他想睡觉，那你就让他尽情地睡吧；如果他想看球赛，即使会吵得你失眠，也不要去打扰他。只要身心愉悦，你的丈夫就能长命百岁。

4. 不要让他过度劳累

很多人终其一生都是在给医院打工，透支自己的健康来换

取金钱、权力，前半生拿命换钱，后半生拿钱换命。每个人的身体承受能力都是有限的，过度的劳累，是侵蚀男人身体的杀手，是女人家庭幸福的隐患。

当丈夫太过劳累的时候，体贴的妻子不妨告诉他：“亲爱的，钱不是最重要的，我最关心的，是你的身体。”

5. 定期到医院检查

预防是治病的最好方法，许多死于心脏病、癌症和糖尿病的人，如果他们的病症能够在早期被发现，就可以得到及时的治疗。

美国糖尿病协会曾经作过统计，全美大约有270万人清楚地知道自己已经患上了糖尿病，但有另外100万人并不知道自己已经患病，这一切都是因为没有作定期的检查。

不要与丈夫的事业为敌

丈夫工作的单位为他提供了一次出国深造的机会，作为妻子，周青知道这对丈夫来说是一次千载难逢的机会。等丈夫深造回来，前途必定不可限量。可是，周青也知道，男人有钱就会变坏，到时候，外面的诱惑那么多，她这个糟糠之妻还能保证自己的地位吗？更何况，丈夫这一走就是两年，这期间，家里的重担岂不是要落在自己一个人的肩上？所以，周青对丈夫

出国提出了反对意见。

丈夫十分珍惜这次机会，于是劝周青说，自己出国也是为了一家人将来能过上好日子，而且他保证自己将来绝对不会对不起她。可就算丈夫磨破了嘴皮子，周青还是不同意，甚至威胁他，只要他出国，自己就和他离婚，他也永远别再想见到孩子。无奈，丈夫只好将这次机会让给了公司其他的同事。

两年之后，那位出国深造的同事回来了，公司不仅为他升职加薪，还解决了他的住房问题，他成了公司的中坚力量。看着那位同事在工作上如鱼得水，周青的丈夫心里很不平衡，并且时常埋怨周青，说是她耽误了自己的前程，两人经常为这事吵架，矛盾也越来越多。周青当初反对丈夫出国是为了保住自己的幸福，不承想，到了最后，她还是亲手毁了自己的幸福。

女人与丈夫的事业为敌，就是与丈夫为敌，与丈夫为敌，就是与自己为敌，与自己为敌，还可能获得幸福吗？一个聪明的妻子，不会让丈夫在爱情和事业之间左右为难，更不会牵绊丈夫前进的脚步。像爱你的丈夫一样爱他的事业，丈夫也会回馈你更多的爱。

约翰是一家家电公司的优秀推销员，在一次有关销售经验的演讲会上，他称自己的成功与妻子有很大的关系，并开玩笑地称妻子为“我身边的星期五”。

在演讲中，约翰提到，妻子知道生活的琐碎会分散他的精

力，所以从不为小事打扰自己的丈夫，以便让他可以全心全意地投入到工作中去。作为一名推销员，约翰每天都会带回许多需要处理的文件，于是，妻子学会了打字，并在约翰需要的时候给予帮助。约翰负责的业务区域非常广，为了走访客户，他经常要开车到很远的地方，于是，妻子又学会了开车，当路程比较远的时候，她就会帮约翰开会车，让他美美地睡上一觉。为了给约翰提供帮助，妻子甚至培养了自己的新爱好，而这些爱好都与约翰的工作有关。

在演讲结束的时候，约翰对台下所有的人说："我非常幸运有一个好妻子，因为她对我事业上的帮助，我们的感情越来越好，婚姻也越来越幸福，我爱我的妻子。"

"每一个成功男人的背后，都有一个伟大的女人。"做成功男人背后的女人不容易，但是，你如果真心爱你的丈夫，就会心甘情愿为他付出一切，爱他所爱、想他所想。既然丈夫爱他的事业，那妻子就要学会像爱丈夫一样爱它，而不是与丈夫的事业为敌。更何况，丈夫为事业拼搏，也是为了能让你生活得更加幸福。

婚姻不是一场简单的镜花雪月，而是真实的点点滴滴。婚姻所有的开支都需要金钱的基础，丈夫是家庭的顶梁柱，是一般家庭的主要经济来源，有了成功的事业，他才能为家庭所有的开销买单。所以，爱丈夫的事业，也是爱自己的婚姻、爱自己的家庭，更是好好爱自己的表现。

与丈夫的事业为敌，他会夹在中间痛苦不堪；与丈夫的事业为敌，你会令自己陷入生活的旋涡，忽视丈夫对你的好；与丈夫的事业为敌，你的丈夫可能会为了事业与你为敌。男人要成就一番大业，势必会冷落妻子，这时候，妻子应该理解丈夫的苦衷，给他支持，而不是埋怨他。如果妻子真的不甘寂寞，就应努力提升自己的能力，成为丈夫事业上的左右手，让他因为事业而给你更多的关注和爱。

第 14 章　女人怎么表达自己的情感

在男人和女人的世界里，情感的表达实在是一门高深的学问，表达得当，对方会把你融进心里；表达不当，对方就会把你排挤在安全距离以外，让彼此的心越走越远。女人要为自己的感情负责，就要学会经营婚姻和爱情，让他看到你的好、你的真，甘愿一辈子在你身边，做你可以依靠可以信任的守护神。

让你的风情恰到好处

都说女人要风情万种才能俘虏男人的心，让男人弱水三千只取一瓢饮，乖乖留在你的身边，从此以后再也不会对其他女人动心。恰到好处的风情，会让男人觉得你像一个谜，充满了神秘；像一首诗，意味隽永；像一幅画，寥寥几笔，却勾勒出人间春色无数。

当一个女人对一个男人表露风情的时候，说明此男子正是这个女人梦中的白马王子，是女人想要携手共度一生的那个人。这时候，如果男子也有意，便可“执子之手，与子偕老”，与这个风情万种的女人共谱爱情的乐章。

可是，女人的风情是讲究方式方法的，恰到好处的风情，可以尽显女性魅力，令男人回味无穷；但过度的风情，则可能

让人把你误认为潘金莲，对你敬而远之，或者只想与你随便玩玩而已。所以，女人的风情，切不可乱用，若用错了地方，很可能毁了自己的一世英名。

女星张曼玉，向来我行我素、个性爽朗，镜头前的她总是妩媚妖娆，荧屏中的她更是韵味十足。虽然岁月的痕迹略有显现，但她的万种风情没有一丝褪色。

在经典电影《青蛇》中，张曼玉把青蛇的妖媚演绎得淋漓尽致。小青精灵狡黠，欲迎还拒地发散出热烈的气息，妖媚十足。她的眼神勾魂摄魄，身姿婀娜风流，眉角含春，眼波流慧，丹唇外朗，皓齿内鲜，到处都弥漫着令人销骨蚀魂的味道。

至《花样年华》，张曼玉的风情依旧不减。那一套套贴身的华丽旗袍，时而忧郁，时而雍容，时而悲伤，时而大度，每一件，都代表了女主人的心情。

张曼玉的万种风情，在《新龙门客栈》中发挥到了极致。她演绎的金镶玉，是沙漠里傲然独立的一株仙人掌，我行我素，泼辣狂妄，放浪不羁，令人看了一眼就永生难忘。

恰到好处的风情，使张曼玉成了几代人的梦中情人。虽然她已很久没有新作，但只要提起她，那万种风情，依旧是人们津津乐道的话题。

风情，像附在女人身上的精灵，无色无香，令人捉摸不透，既是可以藏匿的，也是可以充分外泻的，但要取决于时间、地点等外界因素。风情的真谛，不是性感，也不是风骚，

而是成熟女人浑身上下所透露的意犹未尽的韵味。

“回眸一笑百媚生，六宫粉黛无颜色”，说到风情万种，人们总会想起杨贵妃。她千娇百媚到了极致，温柔处展现的是细腻，明媚处彰显的是清丽，娇艳处展露的是精致，高傲处流淌的是澄净，豪迈处张扬的是飘逸，真是让人艳羡不已。如杨贵妃一样风情万种的女人，像花，又像树，摇曳在风中，妖娆多姿，枝繁叶茂，从里到外透露的都是迷人的气质。

风情万种的女人，浑身散发着迷人的气质，亦刚亦柔，亦庄亦谐，由内而外，由外及内，那通体的钟灵毓秀之气，是上上乘的女人味。风情，即情怀、意趣，风情万种，即万般的情怀，万般的意趣。风情万种的女人，是何等的情怀缤纷、意趣无限啊！

女人的风情，敛与放的分寸也是最为重要的，若是过于收敛，也许端庄、典雅，但韵味不足，淡漠无吸引力；可若过于张扬、放逐，频抛媚眼、扭腰摆臀，那就流于放纵而显出风尘味，未免会被主流社会所侧目。恰到好处的风情，不仅是男人，连女人都忍不住要多看几眼。

风情是女人的一种韵味，是女人内心的风景。它将女人出色的智慧、卓越的能力、自信的风度量化为至诚、至真、至纯的风韵与情致，无色无香、无形无态，令人捉摸不透。当女人将万种风情表现得恰到好处的时候，估计所有的男人都会拜倒在她的石榴裙下，甘愿为她赴汤蹈火、在所不辞。

做个会爱的女人

这是一个很好的女孩，漂亮而自信。她的那个他自然也是很出众的，他是个医生，玉树临风，极讨女孩子的欢心。一天，他约她到常去的茶社，送她一本贾平凹的书对她说："书上说，结婚十年就没有感情了，剩下的只是日子。其实，有很多人是无法走过那么多的春秋的，爱情有时真的让人很累，就像背着沉重外壳的蜗牛，在生活的道路上慢慢爬……我们是不是见好就收，让彼此保留一份美丽？"

她刹那间迷糊了，然后听到他满怀歉疚地说："对不起，因为不爱了，只怕是，继续也是对你的伤害！"

她内心翻江倒海，想哭，却极力忍着要冲出眼眶的泪水。她隐约知道对方爱上了一个护士，他常常夸她才貌双全、胆大心细。纵使心下酸意直冒，她也故作大度，毕竟两个相爱的人总要互相信任才好。只是没想到，等待自己的依旧是琼瑶笔下俗套的结局，医生护士夜半时近距离的接触，让她败给了第三者。

她定定神，一下子站起来，努力挺直脊梁，大声说："啊，不要对不起，我还是要谢谢你，谢谢你陪我从20岁一直走到24岁！"眼睛里有眼泪在转动，她却拼命收回，再次谢过他破费的茶和书，然后走出了茶社的大门。

男人没有了，爱情没有了，生活还得继续。她搬了新家，换了一份工作，彻底地在他的世界里消失。他从她朋友那里得

到了关于她的消息，偷偷等在她必经的地方，想看看那个被自己伤害了的女孩现在过得好不好。然后，他看到她换了发型，脸上也重现了昔日的光彩，他这才明白，她真的缓过来了。

这是一个会爱的女孩，她很会宠爱自己。既然缘分已尽，与其在指责中互相伤害，与其在报复中两败俱伤，与其在卑贱的纠缠中双双枯萎，不如记得彼此的好，大度地放手。有时候，正因为懂得放弃，才能在情感的废墟上开出新的花朵。

艾森豪威尔曾说："生命带给女人的最伟大生涯，就是做个妻子。"作为妻子的女人，无一不热爱自己的家庭、丈夫和孩子，但"愿爱"和"会爱"是两个不同的概念，而幸福与不幸往往就产生于这微妙的不同之中。

女人初嫁，一般都说自己是如何如何地会爱，时间长了，就会感觉到爱的压力。爱是需要用毕生的努力来维系和更新的，因为，一纸婚约并不能永守一颗心。女人要想让爱情在婚姻中永葆甜蜜，就要学会做一个会爱的女人。女人只有会爱才能被爱。爱人，是被爱的先决条件。

女人的一生，注定要比男人付出更多的爱：结婚之后要爱自己的老公，有了孩子要分一份爱给孩子，还要时时想起自己的父母身体怎么样、过冬的棉袄是不是已经准备好了。女性用爱和世界打交道，只要会爱，就能够将敌人变成自己的朋友，将恨转化成爱，将百炼钢化为绕指柔。

一个会爱的女人，首先会爱自己。她会每天都把自己收

拾得漂漂亮亮的，让自己每一刻都光彩照人，既让别人赏心悦目，又不辜负上天对女人的垂爱。她会重视自己的身体健康，定期去作体检，不会为了减肥而节食。同时，她还会努力提高自己的综合素质，让自己由内而外焕发出一种自然美。

一个会爱的女人，在理智和情感的把握上很有分寸。她能够认真地对待自己的工作，因为她知道工作是独立的保证，是她不依附男人的筹码，让自己在爱情领域占有优势。在空闲时，会爱的女人可以通过运动、看电影、逛街、美容或者煮花茶、听音乐、看书等方式来体验生活的美好。她深爱自己的男人，但是不会把自己的所有精力都放在男人身上，因为会爱的女人知道，只有先学会爱自己，男人才会爱你。

一个会爱的女人，会让爱人知道自己有多爱他。男人并不排斥对自己的家庭和女人尽义务，如果他能够明确地知道他的妻子多么爱他、他的妻子又是多么陶醉于与他共处的幸福之中，他会义无反顾地为家庭和妻子牺牲一切。反之，如果男人对家庭和女人的感受没有把握甚至产生多余的担心，就会在婚姻中患得患失，甚至忘记自己作为一个丈夫的职责。

会爱的女人是山，端庄大方；会爱的女人是水，柔情绵绵；会爱的女人是书，满腔智慧；会爱的女人是港，安全可靠。爱是一把万能的钥匙，女人用它开启通向别人心灵世界的大门。一个会爱的女人，总能得到上帝的厚爱，让全世界的爱将自己紧紧包围。

争吵有度，和好有方

夫妻相处几十年，磕磕绊绊总是难免的，再恩爱的夫妻，也有吵架拌嘴的时候。吵架不要紧，适当的争吵还能巩固彼此的感情。但吵架是讲究艺术的，像泼妇似的在大街上破口大骂就太伤夫妻间的和气了，实在不是什么明智之举。

宋明是出了名的“妻管严”，家里的大事小事，都是妻子王萍说了算。看着儿子在家中这样没地位，宋明的母亲心里很不是滋味，看儿媳妇自然也有些碍眼。婆婆不喜欢自己，王萍自然也不会给她好脸色。

于是，王萍经常在宋明面前说婆婆的坏话，说婆婆故意刁难自己，说婆婆是家里的负担。宋明从小就没有爸爸，是母亲一手将他拉扯大的，所以他对母亲有很深的感情。王萍说自己，他可以不计较，但牵扯到母亲，就没那么简单了。自相识以来，这是第一次，宋明和王萍吵了起来。

被宋明宠坏了的王萍，没想到丈夫会为母亲和自己吵架，心里很不是滋味，所以很多难听的话都冒了出来，她说宋明的母亲是个扫把星，克死了丈夫，养的儿子也没出息。宋明气坏了，当场把王萍推到在地，叫喊着要和她离婚。

王萍没想到事情会发展到这个地步，想和宋明讲和，但宋明说什么也不原谅她，毅然决然和她离了婚。

吵架吵过了头，就不是“床头吵架床尾和”那么简单的

事了。脾气再好的人，也有自己的敏感地带，这些地带，是无论如何都不能碰触的。争吵讲究一个“度”，要适可而止，否则，婚姻就有可能陷入僵局。

所谓“君子动口不动手”，夫妻争吵时，不要动不动就大打出手，把对方弄得鼻青脸肿的，这实在是有失风范，也会摧毁二人苦心经营的爱巢。男人被女人打，毕竟不是什么光彩事，传出去了，男人可能会因为面子或舆论的压力做出一些极端的事情。

有道是“打人莫打脸，骂人不揭短”，任何人都讨厌被人恶意揭短，这样做只会激怒对方，扩大矛盾，伤及夫妻感情。妻子攻击丈夫的缺点，固然可以让妻子在言论上处于上风，但是，这种行为会在丈夫的心理上造成不能愈合的伤口。人在被说到痛处的时候，根本就不知道理智为何物，更别奢望他能冷静处理两人之间的问题了。

夫妻总归是夫妻，如果双方矛盾没有到达不可调和的地步，和好是必然的结果。和丈夫和好，也是讲究方式方法的。如果女人深谙和好的秘诀，争吵不仅不会破坏彼此的感情，还会成为你们之间的调和剂，让你和丈夫越来越如胶似漆、幸福甜蜜。

李月的丈夫一直忙于工作，很少有时间陪她，为此，李月和他大吵了一架，之后，两人陷入了冷战状态。两人同在一个屋檐下，却谁也不和谁说话，这种日子，李月还真是不习惯。

其实，李月也知道，丈夫并不是故意冷落自己的，自己也有些后悔不该和丈夫争吵。

这天，丈夫一个人在客厅看电视，李月在厨房做饭，突然，厨房传出一声尖叫，丈夫急忙跑到厨房，看到李月的手指正在流血。丈夫急忙找出药箱，为李月包扎伤口。看着丈夫关心的表情，李月的鼻子一酸，哭着说："老公，对不起，我不是故意和你吵架的。男人本来就应该以事业为重的，是我不够大度，让你为我烦心。"

看着妻子流血的手指和满脸的泪水，丈夫心疼地说："老婆，是我不对，以后我一定多抽出时间陪你，不再让你难过了。"

就这样，李月和丈夫和好了，而且，从那以后，丈夫在家的时间比以前多多了。其实，丈夫不知道，那个伤口很小，是李月故意划破的，为的就是让他心疼。

聪明的妻子，绝不会任吵架的情绪在彼此之间蔓延，她会在适当的时候，以对自己最有利的方式和丈夫吵上一架，既不伤害丈夫的感情，又让他认识到自己的错误。妻子和丈夫朝夕相对，必定知道他的软处所在，何不在他的软处做点文章，让他做一个舍不得和你吵架的好丈夫？

和丈夫和好的时候，女人千万别顾及面子之类的无聊问题，那是婚姻幸福的大忌。向丈夫示弱，真诚地表达你的想法，送丈夫一件贴心的小礼物，这些都是和丈夫和好的方法，也是修补争吵漏洞的强力胶，可以让彼此在争吵中越来越

恩爱。

争吵要有度，和好要有方，这是夫妻吵架的前提，只要不违背这个大原则，女人可以尽情发挥自己的优势，小惩一下有些忽视自己的老公。相信，即使老公发现了你是故意的，也不会对你过多地指责，说不定，他还会很享受你那些有趣的行为，为有你这样古灵精怪的老婆而感到幸福。

别做婚姻的文盲

婚姻也是需要学习的，而且是一门大学问。结婚以前，我们觉得结婚只是男女双方两个人的事，与其他人无关；结婚以后才发现，婚姻不光是相爱的两个人的结合，还牵扯到两个家庭的幸福。尤其对女人来说，嫁到婆家以后，生活习惯、饮食习惯都不一样，而且失去了自由，不像在自己家一样，想干什么就干什么，想说什么就说什么。

于是，矛盾慢慢出现了，刚开始为了丈夫，还可能会忍着不说，当矛盾越积越多的时候，控制不住的情绪就会像火山一样喷发了。其实，如果我们在结婚之前适当地了解一下在婚姻生活中应该注意些什么，完全可以避免这种情况的出现。

在世界各地，每天都有很多青年男女开始他们的婚姻生活，同时又有很多夫妻结束他们的婚姻生活。有很多人，对他

们婚后的生活并不满意，认为进入婚姻以后的生活质量远远没有达到他们预期的目标。

导致这一现象产生的根本原因，就是我们对婚姻缺乏一个正确的、透彻的、清醒的认识，或是把婚姻看得过于浪漫，或是把婚姻看得过于理性，于是“婚姻文盲”这一个词也就相应诞生了。卡耐基就“婚姻文盲”进行过分析，发现这类女性对婚姻的主要认识存在以下误区：

1. 爱情等于婚姻

爱到深处时，我们选择嫁给和自己相爱的男人。原以为爱情就是婚姻的延续，没想到，结婚以后，丈夫再也不像以前那样对我们体贴入微、百依百顺了。不再陪我们逛街，说太累，不再带我们去吃大餐，嫌破费，甚至连情人节的玫瑰都省了。看着街上年轻的女孩一个个手里捧着鲜红的玫瑰，我们忍不住流下了伤心的眼泪，觉得丈夫不像以前那样爱我们了，自己选择跟丈夫结婚根本就是个错误。

2. 都是丈夫的错

结婚以后，男人的心基本上都安定下来了，觉得一纸婚书已经把女人牢牢地拴在了自己的身边，所以，就不会再像以前那样花心思去讨好女人了。所谓成家立家，家已经成了，但业还没有立起来。为了立业，男人会把大部分时间和精力从女人身上转移到工作和事业上，想通过自己的努力获得更高的职位赚更多的钱，让女人和孩子从此以后过上衣食无忧的生活。

女人一定要理解，千万不要为了男人因为工作忽略了自己而跟男人闹别扭，一有不顺心就把错全部推到男人的身上。对于在外面忙了一天的男人来说，家和女人就是他避风的港湾，如果连妻子都不理解他，他在外面辛苦打拼有什么意义呢？

3. 婚姻无需浪漫

喜新厌旧是人的天性，也是人类进步的原始动力。没有人会喜欢一成不变的生活，包括女人。记得曾经看过一部电影，里面有一段情节，给人印象非常深刻。男人每天下班回家，女人都在厨房里忙碌，穿着一样的紫色的毛衣，围着一样的围裙，晚饭不用问肯定是炸酱面。没多久这个男人就崩溃了，跟女人大吵了一架后，毅然决然地离了婚。其实女人很贤惠，男人也知道，但他就是受不了这种一点变化也没有的婚姻生活。

婚姻要务实没错，但更需要浪漫来调剂。时不时给丈夫来点意外的小惊喜，比如，送他一个他一直想买却舍不得买的剃须刀，或者两个人像恋爱时那样手牵着手走在大街上，每天都花点小心思制造一些小浪漫，让他觉得每天的生活都不一样，充满了新鲜感，这样他才不会动心思去外面找感觉。

4. 夫妻之间无需沟通

结婚时，我们都以为对对方已足够了解，所以才放心地跟对方结了婚。可事实上，扪心自问，我们对对方真的了解吗？如果真的了解，就不会跟对方发生矛盾，就不会跟对方争吵。就连很多在一起生活了一辈子的夫妻，也不敢说对对方完全了解，因为人心是这个世界上最难以琢磨而又最善变的东西。所以，无论对男人还是对女人来说，沟通都是必须的，有什么想法及时地说出来，跟对方交换意见，这样我们的夫妻关系才会更融洽。

5. 夫妻之间没有秘密

很多女人都觉得，爱男人就应该对男人毫无保留，就像歌里唱的：没有秘密，彼此很透明。而事实上，很多女人这样做了以后，却发现男人根本不领情，还动不动拿过去的事情刺激她。男人的占有欲通常比女人更强，所以他才希望心爱的女人是完完全全属于自己的，如果他知道情况不是这样，他就会很痛苦，认为女人欺骗了他。所以，为了双方都好，女人千万要记住，不要在男人眼中成为透明人，有些事还是烂在肚子里比较好。

6. 丈夫是属于自己的

不要让丈夫觉得跟你结了婚以后就像被判了无期徒刑，一点自由的时间和空间都没有。不要忘了，丈夫只是你的伴侣，只是陪伴你走完剩余的人生的那个人，而不是你的私人物品，什么事都必须得听你的。和你一样，他也有父母，他也有同事朋友，他也需要偶尔到外面呼吸一下新鲜的空气。只要你成为他心中的牵挂，就算他走得再远，也会记得回来的路。

女性若成为婚姻的文盲，无疑会在婚姻中迷失自己，多掌握一些与婚姻有关的知识，会使你终身受益。掌握了必备的

婚姻知识，女人才能正确看待爱情和婚姻的差距，才能在婚姻的不完美面前保持平和的心态，才知道如何经营好自己的婚姻。

要知道，成功的婚姻不是偶然发生的，而是要用心好好经营的。爱和幸福不会从天上掉下刚好砸到我们，这需要先由我们付出，经过精心培育，才能获得回报。婚姻是一辈子的事，提前知道其中的秘密，是对自己负责，也是对丈夫负责。

别拿出轨报复他

何燕发现丈夫在外面有了别的女人，对方还怀了他的孩子。和丈夫摊牌后，丈夫说会和那个女人断绝来往，也会劝那个女人将孩子打掉。可是，何燕知道，丈夫并没有兑现自己的诺言，而是在外面租了一间房子，把那个女人养了起来。

何燕没有勇气离婚，因为他们有个儿子，她不想给孩子幼小的心灵造成伤害，可是看着丈夫得意洋洋的样子，何燕的心里极度痛苦，于是想以出轨报复丈夫的背叛。

有了这个想法后，何燕开始留意跟男人的交往，很快，她的一个客户表示了对她的同情，在那个男人的安抚和呵护下，何燕忍不住把自己交给了他。

可是，短暂的愉悦过后，何燕发现自己的心并没有因此而轻松起来，肉体的出轨让她失衡的心态有所平衡，却并没有让她的精神状态好起来。

就在何燕几乎要下定决心结束这种出轨行为的时候，丈夫气势汹汹地赶回了家，拍着桌子怒斥她是一个放荡的女人，然后留给她一张离婚协议书，头也不回地拂袖而去。

丈夫没有给何燕留下一点财产，而且这件事被人传了出去，邻居们每天都在她背后指指点点，说她是个不干净的女人，就连孩子也不再像从前那样和自己亲近。众叛亲离之后，何燕深深意识到，拿出轨报复丈夫，实在是愚蠢之极。

丈夫出轨了，最受伤害的肯定是妻子，海誓山盟犹在耳畔，事实却戳破了所有的谎言。爱得越深，恨得越浓。但千万不要以不当的方式报复，因为，在这种报复方式中，最受伤的人，还是女人自己。

受传统观念的影响，人们在对婚外情的评价上有双重标准：男人有点儿花心容易被人理解，只要他们没有破坏家庭，妻子一般也能原谅他们；女人如果有了婚外情，给男人带上了绿帽子，那就是男人的奇耻大辱，是最丢人的事。他们自己可以在外面寻花问柳，却绝不允许自己的女人有一点儿花心。他们不会像女人那样温情地拉爱人回家，有的只有对妻子的憎恨和断然离开。

用出轨报复丈夫是错误的，为自己犯的错误买单的应该是他而不是你。如果你不爱他了，那么，这正是离开他的最佳时

机，他知道自己的错误，这等于为你积攒了筹码，你会省去很多麻烦，同时有了更多的主动权。

如果你还很爱他，这种想法也只是你的一种发泄方式，并不代表你可以真的做到放纵自己去出轨。试想：你已尝到他出轨对你造成的伤害，你还会忍心伤害他吗？男人就像小孩子似的爱玩，玩够了会回家的，他可能是对婚外恋好奇，也可能对现在的状态有些乏味，只要你用宽容的心去包容他，渡过爱情疲劳期后，他终有一天会乖乖回家的。

虽说现在社会开放，但名节对于一个女人而言还是至关重要的。丈夫出轨后还可以找到更好的女孩，但妻子出轨后却要背着一个不贞的罪名，又如何再去追寻自己的幸福呢？男人或许可以接受一个因双方性格不合而离婚的女人，但绝对不会将一个曾在婚姻中出轨的女人娶回家。所以，女人用出轨报复丈夫，不仅否定了自己之前的努力，更会断送日后的幸福，实在是得不偿失。

在婚姻的漫漫长路中，男女双方都会有犯错的可能，可如果你用这种极端的方式报复他，那最后谁也不能得到真正的幸福。很多时候，男人的出轨只是一时失足，身为妻子，如果你处理得当，那不仅能挽回自己岌岌可危的婚姻，还能加深你和丈夫的感情、巩固你们婚姻的基础。

拿出轨报复丈夫，无疑是处理婚外恋问题的最愚蠢行径，会把事情变得更加复杂，涉及的人也会陡然增多，不仅不能解决问题，还会使两人的关系更加恶化。并且，本该属于自己的权利，如经济、道德方面的，也会完全消失，最终，自己损失惨重，还贻笑大方，实在得不偿失。

女人的幸福，在自己手中，当丈夫对不住自己的时候，如果处理得当，你还可以拥有幸福，但如果处理不当，就只会让自己成为丈夫出轨的牺牲品。被心爱之人背叛的命运已经很悲惨了，女人又何必把自己搞得更可怜呢？只有先自爱，别人才会爱你，想要幸福，就要好好把握自己被爱的条件。

参考文献

[1]吴淡如. 性格决定幸福[M]. 南昌：21世纪出版社，2008.

[2]金韵蓉. 幸福女人的芳香生活[M]. 北京：中信出版社，2005.

[3]史玉娟. 会说话的女人受欢迎[M]. 北京：中国纺织出版社，2008.

[4]田秋. 聪明女人经：女人掌控生活的智慧[M]. 北京：新世界出版社，2009.

[5]咖啡猫女. 女人口才全攻略[M]. 北京：中国纺织出版社，2010.